聆听
万物之美

On Nature and the
Environment

[印] 克里希那穆提　著
宋颜　译

北京时代华文书局

你若疏远了自然，也就疏远了人类。你若是跟自然断了关系，就会变成屠杀者。为了得利，为了“运动”，为了获取食物或知识，你屠杀海豹的幼崽，屠杀鲸鱼、海豚和人类。于是自然怕了你，收回了它的美。也许你长时间在林中散步，或在风景宜人的地方露营，但你是屠杀者，你已失去了它们的友情。可能你已失去了跟所有事物的联系，失去了跟你的妻子或丈夫的联系。

——《克氏日记》

前　言

克里希那穆提一八九五年生于印度，十三岁时被“神智学会”收养。“神智学会”宣称“世界导师”即将来临，并认为克里希那穆提就是这个世界导师的载体。很快克里希那穆提成长为一位无法被归类的导师，强大有力，毫不妥协。他的讲话和书籍无关任何宗派，既不属于东方，也不属于西方，而属于全世界。他坚决不接受加之于身的救世主角色，遂于一九二九年戏剧化地解散了一个专门为他设立的庞大而富有的组织，并声称真理是“无路之国”，无法通过任何形式化的宗教、哲学或派别来达到。

他一生都坚持不接受别人强加给他的导师身份。他持续吸引了全世界大量听众，却声称没有权威，自己也不需要追随者。他在讲话的时候始终犹如在进行一对一的面谈。他教诲的核心就是，认识到社会的根本变革只有通过个人意识的转变才能实现。他不断强调自我认识的必要，强调要了解宗教和民族主义的制约所引起的束缚和隔离。克里希那穆提总是指出敞开头脑的迫切需要，因为“头脑中的巨大空间，蕴含着不可思议的能量”。这似乎就是他本人创造力的源泉，是他对大量听众具有强大影响力的关键。

他在全世界持续不断地演讲，一直讲到一九八六年过世，终年九十岁。他的演讲、谈话、日记和书信都被结集成书，共有六十多册。这一系列的主题书籍就是从那个浩瀚的教诲之海中节选编辑而成的。系列中的每一册，都集中讲与我们的日常生活息息相关而紧迫的一件事。

目录

第一章 你怎样，世界就怎样

提问者：“我们要与自然保持正确的关系”是什么意思？

克里希那穆提：不知道你是否探索过自己跟自然的关系。所谓的“正确关系”并不存在，好好了解“关系”才是实在的事。正确的关系意味着接受一个模式，就像正确的思想。正确的思想和正确地思考是两回事。正确的思想只是遵循正确的、可敬的东西；然而正确地思考是一个运动，它是了解的产物，而了解就是不断地去修正和变化。同样，我们与自然的正确关系和了解我们跟自然的关系也是两回事。你跟自然（自然就是河流、树木、疾飞的鸟、水中的鱼、潜身大地的矿藏、瀑布以及水池）的关系是怎样的？你跟它们的关系如何？大多数人并没有觉察到那种关系。我们从不注视一棵树，即使注视，脑子里想的也是怎么利用那棵树，不是要享受它的树荫，就是要伐它做木材。换句话说，我们看一棵树总是带着功利的目光，我们从未抛开自我的投射，抛开为我所用的想法单纯地看一棵树。我们对待地球和它的物产用的也是同样的方式。我们对地球没有爱，只有利用。如果我们真的爱地球，就会有节制地使用地球的物产。也就是说，要是我们去了解我们跟地球的关系，就应该非常谨慎地利用地球的物产。了解我们跟自然的关系，就如了解我们跟邻居、妻子和孩子的关系一样很不容易。但是，我们没有稍稍想一想这件事，我们从未坐下来凝望星星、月亮或树木。我们忙于各种社会或政治活动。显然，这些活动是在逃避自我，尊崇自然也是在逃避自我。我们一直在利用自然，不是用它来逃避，就是用它来达成功利的目的。我们从未真正停下来，停下来爱这片大地，爱这大地上的物产。我们从未欣赏过富饶的田园、我们衣食的来处。我们从来不喜欢用我们的双手去耕种——我们以劳作为耻。当我们亲手在土地上劳作时，有个奇妙的东西就产生了。只有底层人才做这种工作，我们上流阶层如此尊贵显要，怎好亲手劳作！所以，我们失去了跟自然的联系。

我们一旦了解了那层关系，了解了它真正的意义，就不会划分我的财产和你的财产。虽然我们可能拥有一小片土地，在上面建了房子，但这并不是独占意义上的“我的”或“你的”——它更切实的意义是我们有一处安身之所。因为我们不爱这片大地及其物产，我们只是利用它们，所以就无法对一道瀑布的美有敏锐的感受。我们已失去了跟生命的联系，我们从未背靠大树安坐下来。因为我们不爱自然，也就不知道怎样爱人类和动物。走上街头，看看我们在怎样对待那些公牛，它们的尾巴都已不成样子。你摇摇头说：“真令人难过。”我们已失去了那份温柔、那份敏感、那份对万物之美的感应，然而只有恢复那份敏感，我们才能了解什么是真正的关系。不是挂几幅画或画画树、头上插几朵花就会有那份敏感的,只有放下功利主义的观点才可以。这不是说你不能使用土地，但你必须用得其所。土地是要用来爱护、照料的，而不是用来划分为你的、我的。在院子里种一棵树，然后宣称那是“我的”，这太傻了。只有摆脱占有的习性，才可能获得那份敏感。不只是对自然的敏感，还有对人类的敏感，对生命无止境的挑战的敏感。

浦那

一九四八年十月十七日

006

机舱里满是人。飞机在大西洋上方两万多英尺的高空飞行，下方有一层厚厚的云，上方碧空如洗，太阳在后，而我们正向西飞去。孩子们之前一直在走道上来回奔跑嬉戏，这会儿一个个都累得睡着了。长夜之后，大家都醒了过来，抽烟的抽烟，喝饮料的喝饮料。前座的男人跟另一个人谈论着他的生意，后座的女人愉快地描述着她买的东西，盘算着需要支付的税金。在这个高度，飞机飞行得很平稳，虽然下方风很大，但没有一点儿颠簸。机翼在明晃晃的阳光下闪闪发光，螺旋桨平稳地旋转着，正以不可思议的速度切入空气。风在下方，我们正以每小时三百英里的速度飞速向前。

窄窄的走道对面，两个男人正高声交谈，你很难不去注意他们谈话的内容。他们很高大，其中一人脸膛赤红，饱经风霜。他正在详述捕鲸的生意有多危险，有多少利润，而大海又有多么狂暴可怕。有些鲸鱼重达几百吨。怀孕的母鲸是不允许捕杀的，在特定的时间内捕杀超过一定量的鲸鱼也是不被允许的。捕杀这些庞然大物显然是在科学协作下完成的，每组人都各自负责一项专门的工作，他们都是经过专业训练的。捕鲸船的气味令人难以忍受，但他们都习惯了——人类几乎能习惯任何事。如果一切顺利的话，那么这一行非常有利可图。他开始解释屠杀的奇异魔力，正在这时饮料送了上来，话题也就随之改变了。

人类不忌讳杀戮，无论是杀死一头密林深处目光明亮、与人无害的鹿，还是捕杀一只猎食家畜的老虎。公路上的蛇被故意碾过；人们布下陷阱，猎获一头狼或一只狗。衣冠楚楚、笑意盈盈的人们带上昂贵的枪出门打猎，射杀刚刚还在相互呼唤的鸟儿。一个男孩用他的气枪打死了一只叽叽喳喳身带蓝色的松鸦，周围的大人们一句怜悯或责备的话都没有，反而夸他枪法好。为了所谓的体育运动杀生，为了食物杀生，为了自己的国家杀生，为了和平杀生——这一切本质无异。辩解不是解答。唯一的解答就是：不要杀生。在西方，我们认为动物存在的目的就是满足我们的口腹之欲，满足我们杀戮的快感，或者为我们提供它们的皮毛；在东方，几世纪以来每一位父母都对孩子谆谆教诲：不要杀生，要有同情心，要慈悲。在这里，动物是没有灵魂的，所以它们可以被白白杀死；在那里，动物是有灵魂的，所以要三思而行，要心存慈爱。在这里，吃羊、鸡一类动物都是很平常很自然的事，是受到教会和人类饮食习惯的支持的；在那里就不是这样了，传统和文化、学者和僧侣都绝不会支持杀生。但这种情况也正在被迅速地打破。在这里，我们总是打着一些旗号杀生，让杀戮蔓延，几乎一夜之间古老的文化被丢到一边，追求效率、无情和毁灭的手段得到培养和强化。

和平不在政客或牧师手中，也不在律师或警察手中。和平是头脑的一种状态，有爱就有和平。

选自《生命的注释》第二卷

那些你内心和你周遭的痛苦和困惑，你跟它们有着怎样的关系？显然那些困惑、那些痛苦不是自动产生的。你和我制造了它们，你和我在彼此的关系中制造了这一切。你内在的状态投射到外部，投射到世界；你的实际状态，你的思考和感觉方式，你在日常生活中的所作所为，这一切投射到外部，构成了世界。我们的内在痛苦、困惑、混乱，这一切经过投射，就变成了世界，变成了社会，因为社会就是我和你的关系，就是我和他人的关系——社会是我们的关系的产物——如果我们的关系是困惑的、以自我为中心的、狭隘的、局限的，我们就会把这一切投射到世界，把它搞得乱七八糟。你怎样，世界就怎样。所以你的问题就是世界的问题。显然，这是一个简单而基本的事实，不是吗？

为什么社会在崩溃，在坍塌？一切显而易见。其中最根本的原因之一就是个体——你，已不再具有创造性。我会解释这一点。你和我已变得只会模仿，我们的外在和内在都在复制。在外在的事情上，在学习一门技术时，在跟他人进行语言层面的沟通时，很自然一定会有某种程度的模仿和复制。我复制语言文字。成为工程师，我必须先学习技术，然后使用技术建造桥梁。在外在的技术层面，必定存在着某种程度的模仿和复制，但如果内在也存在心理上的模仿，显然我们就不再具有创造性。我们的教育，我们的社会结构，我们所谓的宗教生活，全部建立在模仿之上。也就是说，我适应某个特定的社会模式或宗教模式。我已不再是一个真正的个体，在心理层面，我已变成一个只会模仿的机器，有着某些特定的反应；不管是印度教徒、基督教徒、佛教徒还是德国人、英国人，莫不如此。

我们的反应被社会规范制约了，不管是东方的规范还是西方的规范，不管是宗教的规范还是物质主义的规范。所以，社会瓦解的根本原因之一就是模仿，另一个因素是领袖，其本质也是模仿。

选自《最初和最终的自由》第三章

013

在周遭世界，我们看到了困惑、痛苦以及冲突的欲望。意识到这种世界性的混乱，大多数会深思而热切的人——不是指那些以制造信仰为消遣的人，而是真正心怀关切的人——自然就会看到思考行动这个问题的重要性。行动有群体行动和个体行动。群体行动已变得抽象，方便了个体的逃避。以为这些层出不穷的混乱、不幸和灾难，能够被群体行动神奇地转变或导入秩序，在这样的想法下，个体就变得不负责任了。群体显然是个虚构的存在，群体就是你和我。正因为你我不了解真实的行动，才会去投靠抽象的所谓群体大众，并因此在行动中变得不负责任。为了在行动中实现革新，我们不是指望一位领袖，就是指望一种组织化的集体行动，也就是一种群体行动。当我们指望一位领袖来领导行动时，一定会选择一个我们认为会帮助我们超越自身问题、自身痛苦的人。然而，因为我们是困惑的，选出的领袖本身自然也是困惑的。我们不会选一位跟我们不一样的领袖，我们做不到。我们只能选出一位跟我们同样困惑的领袖，因此，这样的领袖、这样的导师以及所谓的灵性古鲁们，必然会把我们带向更深的困惑、更大的不幸。因为我们的选择必然是出自我们自身的困惑，当我们追随一位领袖时，我们不过是在追随自身困惑的自我投射。因此，这样的行动，虽然它可能很快就会有结果，但必然会导致更严重的灾难。

所以我们看到，群体行动——虽然在某些情况下是有价值的——必然会导致灾难、混乱，造成个体的不负责任，追随领袖也必然会加剧混乱。然而我们必须生活。生活，即行动；存在，即进入关系。关系之外，不存在行动，我们无法孤立生活，孤立是不可能的。所以，要了解那种不制造进一步痛苦和混乱的行动，就必须先了解我们自己，了解我们自身所有的矛盾，了解所有互相冲突的部分、不断交战的方方面面。如果不了解自己，行动就必然会导致进一步的冲突和痛苦。

所以问题是，要在了解的基础上行动，那份了解只有通过自我认识才能形成。毕竟，世界是我自身的投射。我怎样，世界就怎样；世界与我无二无别，世界不是与我对立的东西。我与世界不是两个不同的实体。社会就是我自己，并不存在两个不同的进程。世界是我自身的延展，要了解世界，必须了解我自己。个体与群体、社会并不是对立的，因为社会即个体。社会就是你、我、他之间的关系。只有当个体变得不负责任时，个体和社会才是对立的。所以，我们的问题是重大的。每个国家、每个人、每个团体，都面临着一个严重的危机。我们，你和我，跟这个危机是什么关系，我们该如何行动？

要实现转变，我们要从何处开始？我说过，如果我们指望群体，就不会有出路，因为群体意味着领袖，而且群体总是会被政客、牧师和专家剥削。因为你和我组成了群体，我们就必须对自身的行动负起责任，也就是说，必须了解我们自己的本性，必须了解我们自己。要了解我们自己就不能从世界中退隐，因为退隐意味着孤立，而我们无法在孤立中生活。所以，必须了解关系中的行动，那份了解取决于对我们自身的自觉，觉察内心所有冲突和矛盾的本性。我认为，构想一个平静的状态、一个我们可以依赖的状态是不聪明的。只有了解自身的本性，不再预设一个不甚明了的状态，我们才可能有平静和安宁。平静的状态也许是可能的，但只是设想它是没有用的。

要正确地行动，就必须正确地思考；要正确地思考，就必须有对自我的认识。只有在关系中，而不是孤立中，自我认识才可能形成。只有在了解自我的过程中，我们才能正确思考，并进而产生正确的行动。正确的行动来自我们对自身的了解，不是了解自我的一部分，而是了解自我的全部，了解我们矛盾的本性以及我们的种种真实的自我。由于我们对自身的了解，就有了正确的行动，在正确的行动中，幸福就产生了。说到底，我们想要的就是幸福，我们大多数人孜孜以求的就是幸福，我们通过各种途径、各种逃避来寻求幸福——逃避社会活动和官场，逃避娱乐、敬拜、念诵和性行为，以及无数其他的逃避之途。然而，我们发现这些逃避无法带来持久的幸福，它们只能给我们暂时的缓解。从根本上说，它们都是海市蜃楼、刹那欢愉。我认为，只有当我们了解自己，才会找到那份欢乐、那份喜悦、那份出于创造性存在的真正的欢欣。了解自我并不容易，需要某种敏锐和觉知。只有当我们不谴责、不辩解时，才可能有那种敏锐、那种觉知；因为一旦谴责或辩解，了解就终止了。我们谴责他人的时候，就不再了解那个人；我们认同那个人的时候，也同样不再了解他。对我们自身也是一样。要观察，要被动地觉知你的现状是最难的事。然而在那份被动的觉知中，了解就产生了，现状的转变就产生了，只有那份转变才能打开真相之门。

问题就在于行动、了解和幸福。除非我们了解自己，否则真正的思考就没有立足之基。没有自我了解，就没有思考的基础——像大多数人一样，我们只能生活在矛盾之中。要在世界上实现转变，也就是在我的关系中实现转变，我就必须从自身开始。你也许会说："改变世界会需要很长很长时间。"如果我们在寻求立竿见影的效果，自然就会认为那太费时了。政客们许下立竿见影的承诺，但对一个寻求真相的人来说恐怕是不存在立竿见影的效果的。带来转变的是真相，而不是立即的行动，只有每个人发现真相，世界才会有幸福与和平。活在世间却不属于它，这就是我们的问题，也是最迫切要明白的工作，因为我们不能退隐，不能放弃，而是必须了解我们自己。了解自己就是智慧的开端。了解自己，就是了解自己跟事物、他人和观念的关系。不了解我们跟事物、他人和观念的关系所包含的全部意义和价值，就必然会造成冲突和对抗。所以一个真正热切的人，必须从了解自身开始。他必须被动地觉知他所有的想法、感受和行为。再说一遍，这跟时间无关。自我认识是没有终点的。自我认识只能一刻接一刻地进行，在一刻接一刻中就有创造性的喜悦。

你们提问的时候，请不要等着我给你们一个答案。因为你们要和我一起想清楚问题，一起在问题中找到答案。如果你们只是坐等一个答案，恐怕你们会失望的。生活没有绝对的“是”或“不是”的答案，尽管我们如此期望。生活比那复杂多了，精细多了。所以，要找到答案，我们必须研究问题，意思就是我们必须有耐力和智力来探究它。

提问者：宗教在现代社会中处于什么位置？

克里希那穆提：我们来搞清楚我们所指的宗教和现代社会是什么意思。我们所谓的宗教是指什么？宗教对你意味着什么？意味着一系列的信仰、仪式、教条、各种迷信、礼拜、念诵、隐约未了的希望、读某些书籍、追随古鲁、不时造访寺庙，诸如此类。显然，对我们大多数人而言，这一切就是宗教。但那些是宗教吗？宗教是一种习俗、习惯、传统？显然，宗教跟那些毫无关系，不是吗？宗教意味着寻找真相，它跟组织化的信仰、寺庙、教条或仪式都毫无关系。然而我们的思维，也就是我们存在的构造形式，却陷入了信仰、迷信之类的东西当中。显然，现代人毫无宗教性，所以他们的社会不是健全平衡的社会。我们也许遵循某种教义、敬拜某些图像或者创立新的国教，但显然这一切都不是宗教。我说过，宗教是追寻真相，但那真相是未知的，无关某些书籍，无关他人的经验。要找到真相，发现它，邀请它，已知就必须停下来。所有的传统和信仰，其意义必须被探究，被了解，最后被舍弃。为此，重复仪式就毫无意义。所以，一个人如果具有宗教性，显然就不会属于任何宗教、任何组织，他既不是印度教徒也不是穆斯林，他不属于任何阶级。

那么，什么是现代社会？现代社会是由群众组织的技术和效率构建而成的。它有极其先进的技术，却分配不公；生产方式只掌握在少数人手中。这就是现代社会，不是吗？科技进步，同样重要的心理层面却止步不前，所以造成了不平衡的状态。科学上的成就令人瞩目，同时人类的苦难、心灵世界的空虚也空前严重。我们学到的技术大多关于怎样造飞机，怎样互相屠杀，诸如此类。所以，这就是现代社会，也就是你们自己。世界与你无二无别。你的世界，即你自己，是一个培育智力和空洞心灵的世界。如果你们反观自身，就会看到你们正是现代文明的产物。你们知道一点技巧、技术，但不是具有创造力的人类。你们孕育小孩，但那跟创造无关。要能够创造，我们需要相当富足的内在，而只有当我们了解了真相，并能够接纳真相时，那份富足才能出现。

所以，宗教和现代社会是相辅相成的，它们都在培育空洞的心灵，那就是悲哀之处。我们是肤浅的，智力发达，擅长创造各种伟大的发明，制造最具有毁灭性的清算彼此的工具，加剧彼此之间的分裂。但我们不知道爱是什么，我们的心中没有歌声。我们演奏、收听音乐，却不歌唱，因为我们的心中空空荡荡。我们制造了一个极其混乱、悲苦的境况，我们的关系脆弱肤浅。这种混乱是我们自身的产物。它们是我们自我投射的呈现。所以，除非我们每个人的内在发生转变，否则外部世界是不会有变化的。实现那样的转变不是专家学者的事，不是领袖的事，也不是牧师的事。这是我们每个人的事。如果我们把它丢给别人，我们就是不负责任的，我们的心就会空虚。空虚的心加上有技术的头脑，并不会让我们具有创造力。正因为我们已经失落了那种创造的状态，才制造出这样一个悲惨混乱的世界，一个被战争蹂躏、被阶级和种族分裂所破坏的世界。实现内心的彻底转变，责任就在我们。

新德里

一九四八年十一月十四日

任何形式的冲突都不会促成创造性的思考，在我看来，明白这一点非常重要。如果不了解冲突及其本质，不了解自己到底是在跟什么发生冲突，只是一味地在问题中或在某个特定的背景或环境中挣扎，则是完全无济于事的。正如所有的战争都造成了退化并不可避免地制造了更多的战争、更多的苦难，在冲突中过于挣扎造成了更多的困惑。所以，人内心的冲突投射到外部，造成了世界的乱局。因此，我们需要了解冲突，看清楚任何形式的冲突都不会促成创造性思考的产生，不会造就理性健全的人类，不是吗？然而，我们的一生都耗在了冲突和挣扎之中，我们认为挣扎是生活所必经的部分。我们的内心存在着冲突，我们跟环境也存在着冲突，环境就是社会，反过来社会又是我们跟他人、跟事物、跟观念的关系。这种冲突被认为是不可避免的，我们认为冲突是生活的要素。那么，真是这样吗？有没有一种生活是没有挣扎的？这样就会有领悟生活的可能，而不是陷于惯常的冲突中。不知你有没有注意到，你在一个心理问题上越是挣扎，就会越迷惑越纠结。只有停止挣扎，停止所有的思想过程，领悟才会产生。所以，我们必须一探究竟——冲突是否必要，是否有价值？

我们在谈论我们内心的冲突以及跟环境之间的冲突。环境就是一个人内心的状况。你和环境不是两个不相干的过程，你就是环境，环境就是你——这是一个明显的事实。你生于某个特定的人群中，不管是生于印度、美国、苏联还是英国，那个特定的环境及其气候、传统、社会和宗教习俗的影响造就了你——所以你就是那个环境。你只是那个环境的产物吗？没有更多了？要搞清楚这些问题，你必须从那个环境及其制约中解脱出来。这不言自明，不是吗？如果细看内心，你会看到，因为生在这个国家，它的气候、社会、宗教和经济塑造了你。也就是说，你深受制约。你只是一个制约的结果吗？除此别无他物？别无更伟大的内涵？要搞清楚这些问题，你必须从那个制约中解脱出来。困于制约之中，只是心头问问这些问题，是没有意义的。显然，我们必须从制约中、从环境中解脱出来，只有那时我们才能够搞清楚是否还有别的可能。空口声称有或是没有，显然是错误的思考方式。我们要去发现，而要有所发现，就必须勇于试验。

所以，在思考这些问题的过程中，有一点请大家铭记在心，就是我们是一起踏上一个发现之旅，因此就没有师徒关系的危险。你在这里不是来旁观我表演的，我们是在一起玩，因此我们谁也没在剥削谁。

新德里

一九四八年十一月二十八日

第二章 空无之中，万物俱在

我们要一起来谈谈人与自然的关系，也就是你跟环境的关系。环境不仅指你所生活的城镇或乡村，也包含自然环境。如果你跟自然没有关系，那就跟人类也没有关系。自然就是草地、树林、河流，地球上奇妙的一切的美。如果我们跟那一切没有关系，人与人之间就不会有关系。因为思想没有造出老虎，没有造出夜晚映着星光的河水。思想没有造出碧空下白雪皑皑的巍峨山岳，没有造出落日和没有星星陪伴的孤月。所以，思想并没有创造自然。

自然是一个事实。我们在人类中所创造的现状也是一个事实，却是一个这样的事实：冲突、挣扎，人人都想成为什么，不管是在物质世界，还是在内心世界、灵性世界。当一个人想要成为什么，想要达到政治上或宗教上的某个地位时，那么这个人就跟他人毫无关系，跟自然也毫无关系。你们很多人生活在城市里，那里的环境拥挤、喧嚣、脏乱。也许你很少徜徉于自然，虽然有这样壮丽的海洋，你却跟它毫无关系。你看着它，也许还在海里游泳，却没有感受到大海的浩瀚活力和能量，没有感受到浪涛拍岸的美——在你和大海奇伟的运动之间不存在交流。如果你跟那一切没有关系，又怎么能跟另一个人产生关系呢？如果你对大海、对那浪涛、对潮起潮落的伟力没有感觉的话，又怎么会敏于感知人与人之间的关系呢？注意，明白这一点是非常重要的，因为，如果我们可以谈谈美的话，它并不只呈现为物质形态，本质上美就是那份敏感，就是那份对自然的观察。

孟买

一九八二年一月二十四日

只有完全抛弃自我，抛弃那个“我”，关系才可能存在。“我”不在时，你才可能进入关系，在那关系中没有任何的分裂。对于彻底抛弃、彻底终结那个“我”（不是理智上而是实际上），也许我们没有感觉要这么做。但也许那正是我们大多数人在某个认同的崇高事物中所寻找的东西。然而，认同某个崇高的事物，那个过程仍然是思想的产物，而思想是陈旧的（一如“我”“自我”，都是跟昨日有关的），它始终是陈旧的。那么问题就来了：怎么可能彻底抛开这个孤立的过程，这个以自我为中心的过程？要怎么办？明白这个问题吗？这个“我”（日常生活中的一言一行都出于恐惧、焦虑、绝望、悲伤、困惑和希望），与他人迥然有别，“我”认同宗教、认同自身的制约、认同社会、认同自身的社会行为和道德行为、认同国家等——这个“我”要怎样死去、怎样消失，好让人类从此紧密相连？因为如果我们孤立分化，就会彼此相战。也许不至于自相残杀，但是那样一来世界就变得太凶险了，那些偏远的国家可能会有这种事。我们怎样生活才能不分彼此、真正合作呢？

有很多事情要做：要消除贫困，要幸福生活，要活在喜悦中而不是活在痛苦和恐惧中，要建立一个焕然一新的社会，要构筑超越所有道德之上的道德。有那么多事情要做，而如果这种无休止的孤立再持续下去，那就什么也做不成。我们谈论着“我”“我的”，谈论着“别人”——“别人”在墙的那一边，“我”在墙的这一边。所以，这种对抗的本质，也就是“我”，怎样能够被彻底“抛弃”呢？因为那是所有关系中的最本质问题。我们看到意象之间的关系根本算不上关系，如果那种关系存在，就必定会有冲突，我们就必定会斗个你死我活。

如果你向自己问那个问题，你一定会说：“我一定要活在真空中，活在什么也没有的状态中吗？”不知道你是否了解头脑彻底空寂的状态是怎样的。你活在一个由“我”创造的时空中(那是个非常狭小的空间)。那个“我”、那个自我孤立的过程所构建的独属自己的空间，是我们唯一了解的空间——那个自我中心点与思想所构建的边界之间的空间。我们就生活在那个空间中，那个空间存在着分裂。你说：“如果我抛弃自我，抛弃‘我’这个中心，我就会生活在真空中。”但是你真的抛弃过那个“我”吗？你真正“无我”过吗？如果你那样生活过，就会知道那种无我的关系状态是存在的，那不是虚无的乌托邦状态，不是幻想出来的东西，也不是神秘的、非理性的经验，而是一件可以切实做到的事情——生活在一个与所有人类都紧密相连的维度中。

但是，只有我们了解了什么是爱，那一切才有可能。要生活在那种状态中，就必须了解思想的快乐及其所有机制。我们在自己周围构建的所有复杂机制，就能被一眼看清。我们并不需要一点一点条分缕析地来探究。所有的分析都是支离破碎的，因此那扇门后面并没有答案。

我们的生活有着错综复杂的问题，其中恐惧、焦虑、希望、飞逝的幸福喜悦，不是分析所能解决得了的。只有从整体上快速把握所有的问题，才有解决的可能。你知道，只有你静观事物时才能了解它——不是那种训练有素的观察，不是艺术家、科学家或者练习“怎样观察”的人的那种观察。如果你带着全副兴致去观察，就会看清楚，你会一眼就看清整件事。然后你会发现你从中摆脱了。你从时间中脱身而出，时间有了停顿，而悲伤因此终结。一个人若陷于悲伤或恐惧，他就是孤立的。一个追求权力的人怎么可能处于关系中呢？他也许有家庭，跟妻子同床共枕，但他是孤立的。一个汲汲于竞争的人，跟任何人都没有关系。然而，我们整个社会中总是存在这样那样的竞争。要在本质上与万物紧密相连，就意味着要放下自我，因为自我滋生了分离与悲伤。

选自《欧洲谈话·巴黎》

一九六八年四月二十五日

我们观察到整个世界充斥着混乱、困惑以及弱肉强食，没有宗教、没有社会秩序——或者社会动乱——能够力挽狂澜。宗教，即组织化的信仰，显然没有在任何意义上帮助人类建立秩序，带来深刻、持久的幸福。我们需要在全世界掀起一场大革命。必须有一场剧变。我们不是指外在的革命，而是指心理层面的内部革命。显然，那是人类唯一的希望、唯一的救赎——如果可以用“救赎”这个词的话。意识形态引发了暴行，发起了各种屠杀和战争。意识形态不管看起来多么崇高，其本质是相当卑劣的。我们的头脑、思想的结构，必须有彻底的转变。要实现这样深刻持久的转变或革命，我们需要充沛的能量。我们需要动力，需要源源不绝的坚持，而不是一时兴起、一时心血来潮引发的那点转瞬即逝的能量。人类原先希望通过压抑、长期的持戒、模仿和循规蹈矩来获得那种能量。然而压抑、服从和持戒都只是按照某个观念做出调整，并没有给人类带来那种必要的能量及其力量。所以，我们必须找到一种不一样的行动，它会带来那种必要的能量。

在社会当前的结构中，在我们人际关系里，我们越是行动，能量越是损耗。因为，在那种行动中存在着矛盾和分裂。行动导致冲突，因而损耗了能量。我们必须找到一种源源不断的能量，一种不会耗散的能量。我认为有一种行动能带来这种能量——这是头脑发生深刻彻底的革命所必需的重要因素。对大多数人而言，行动——即“去做”，去积极活动——是遵循某个观念、模式或概念而发生的。如果观察你自己的行为、你的日常活动，你会发现你建立了一套观念或意识形态，并据此做出行动。因此，在你的实际行为和你应该做什么或应该怎么做之间存在着分裂。你可以在内心清楚地看到这一点。所以行动总是在接近一个模式、一个概念、一个理想。在实情与应该怎样之间存在着分裂，这引起了二元对立，因此就会出现冲突。

请不要只是听到一串词语——词语本身没有意义，词语从来没有让人类发生过彻底的转变。你可以堆砌词语，用它们编织桂冠，就像大多数人做的一样，在其中打诨。但词语不过是灰烬，它们并未给生活带来美。词语没有带来爱，如果你只是听到一串观念或词语，那么恐怕你就会两手空空地离开。但如果你不但倾听讲者的话，也倾听你自己的思想，倾听你自己的生活方式，如果你听到的不是外在于你的东西，而是听到了你内心正在发生的事实，那么你就会看到所说的这一切的真相或谬误。我们必须亲自去看什么是真的、什么是假的，而不是借助他人的眼睛。要搞清楚那一切，你必须倾听，你必须投入热情和关注，这表示你要相当认真，而生活需要我们的认真，因为只有对拥有非常认真的头脑的人来说才存在生活，才存在生活的丰富。对那些只是心存好奇、理智的、情绪化的、多愁善感的人而言，生活是另一番光景。

作为人类，我们要在内心实现心理的变革，需要极大的能量。因为我们在一个虚假的处境中，在一个充满残酷、暴力、绝望和焦虑的处境中待得太久了。要活得像个人，活得心智健全，我们必须改变。要在内心并进而在社会中实现这样的转变，需要这种彻底的能量，因为个人跟社会无二无别——社会就是个人，个人就是社会。腐败的、不道德的社会结构要实现必要的彻底的转变，那么人类的心灵和头脑就必须彻底转变。那样的转变需要极大的能量，如果你根据某个概念采取行动，那种能量就会被抑制或扭曲，我们在日常生活中正是这么干的。观念是建立在过往的历史或者某些结论上的，所以那根本不是行动，那不过是接近某个模式。所以我们问：有没有一种行动是不基于观念的，是不基于僵死之物所形成的结论的？

那样的行动是有的。这么说并不是在构建一个新的观念。我们得亲自搞清楚那样的行动。要搞清楚，就必须从我们人类最初的行为和头脑状态开始着手。意思就是，我们从没有独自一人过，我们可能会在林中独自散步，但我们从未独自一人过。在社会中，也许你有家室，由于人类的头脑深受过去的经验、知识、记忆的制约，所以它不知道独自一人到底是怎样的。而且我们害怕独自一人，因为独自一人意味着你必须置身社会之外，不是吗？我们也许生活在社会中，但我们必须做一个社会的局外人。而做一个社会的局外人，就必须从社会脱身出来。社会要求你按照某个观念行事，这是所有社会的共识，是所有人类的共识——遵循、模仿、接受、服从。如果我们接受了传统的命令，遵循社会建立的那套模式（也就是人类建立的那套），那么你就是整个受制约的人类存在的一部分，你就会在不断的努力、冲突、困惑和痛苦中耗尽能量。人类可能从这种困惑和冲突中解脱出来吗？

这种冲突，其本质就是行动的实然跟应然之间的冲突。观察内心，我们发现冲突在不断地消耗着能量。整个社会结构——竞争、好斗、互相攀比、对意识形态和信仰等的接受——都是基于冲突的，不但内心如此，外在也如此。我们说："如果心里没有冲突、挣扎和斗争，我们就会变得跟动物一样，我们就会变得懒惰。"事实根本不是这样的。除了我们现在所过的生活，除了从生到死无休止的奋斗，我们不知道还可以怎样过生活。现在想过的生活是我们唯一知道的生活。

观察一下的话，我们可以看到那是多么浪费能量。我们必须把自己从这种社会的混乱和无德中解放出来——也就是说，我们必须孑然独立。虽然身处社会，但你不再接受它的结构和价值——无情、羡慕、嫉妒、竞争心——因此你孑然独立。当你孑然独立时，你就是成熟的。成熟与年龄无关。

全世界都在反抗，但那种反抗不是出于对整个社会结构的了解，那整个社会结构其实就是你自己。那样的反抗是支离破碎的，意思就是，你也许抗议某场战争，却可能在你赞成的战争中去跟人厮杀，或者信奉某个宗教，归属于某种文化或团体——天主教的、新教的、印度教的，随你喜欢。然而，真正的反抗意味着反抗整个结构，而不是反对一种文化的某个特定部分。要了解这整个结构，我们必须首先去意识到它、觉察它、关注它——那意味着无选择地觉察它。你不能选择社会的某个部分，然后说“我喜欢这个，不喜欢那个，这个令我开心，那个令我不开心”。那样的话，你就只是在遵循某个模式并抗拒另一个模式，因此你仍然陷于挣扎之中。所以，重要的是首先看到整个人类存在的图景，看到我们整个的日常生活。要实实在在看到它——不是把它看成某个观点、某个概念，而是像你感受到饥饿一样地感受它、觉察它。饥饿不是一个观点，不是一个概念，它是一个事实。同样的方式，要看到这种困惑、这种痛苦、这无尽的挣扎，如果我们无选择地觉察这整件事，就完全不会有冲突。然后，我们就从社会结构中脱身了，因为头脑已经把自己从这社会的荒诞中解放了出来。

你知道，人类——也就是我们每一个人，不管你生活在何地——想要找到那种头脑状态、那种生活状态，找到一种无须艰辛奋斗的状态。我相信，我们所有人，不管多么卑微，不管多么明智，都想找到一种生活，一种有序的、充满着美与爱的生活。人类已为此寻寻觅觅了几千年。人类并没有找到它，却转而用他们的观念制造出神灵、救世主、牧师，把一切具体化，向外呈现出来，这就错失了最重要的东西。我们必须拒绝这一切，彻底拒绝接受这种论调。这世上或天上没有任何人可以给你那样的生活。我们必须自己下功夫——孜孜不倦。

不知我们所谓的“看法”是什么意思？为什么我们想要一个“看法”？“看法”意味着什么？采取某个立场，得出某个结论。我对某个东西有看法，意思就是经过研究、检视、计划和探究问题后，我得出了一个结论。我得出这个观点，形成这个看法，这表示采取某种看法本身就是抗拒，因此本质上就是暴力。我们不能对暴力或敌意抱有某个看法，因为那表示你是在根据你的某个结论、设想、想象和理解对它进行解读。我们在问的是：面对你内心的敌意，面对你内心制造的敌对的暴力和无情，可不可以如实地看待它而不抱有任何看法？你一旦抱有看法，就已是怀有偏见了，你有了一个立场，因此你就不是在观察，不是在了解你内心的事实。

如实看自己，不抱看法，不抱任何观点、判断和评估，这是世上最难的事。在这样的观察中，就有明澈的洞见，那种洞见不是结论，不是看法，它消解了无情和敌对的整个结构。

选自《欧洲谈话·阿姆斯特丹》

一九六八年五月二十二日

我相信，教育者们都意识到了这个世界当下在发生着什么。因为种族、宗教、政治、经济上的不同，人被划分为不同的阶层，这种划分就是分裂。这给世界造成了极大的混乱：战争、政治上的种种欺诈等。暴力泛滥，彼此敌对。这就是我们所生活的这个世界、这个社会实际的混乱局面，而这个社会正是全体人类用他们的文化、语言分歧、地域划分一手造就的。这一切不但滋生了困惑，也滋生了仇恨、无尽的痛苦以及进一步的语言差异。这就是当下的状况，而教育者的责任实在是非常重大。

教育实际上起着什么作用？它真的帮助大人和孩

子变得更热心、更温柔、更慷慨了吗？它帮他们远离这个世界的旧模式，远离它固有的丑陋和粗俗了吗？如果老师真的热诚关切——他理当如此——那他就必须帮助学生厘清自身和世界的关系，不是跟想象的世界或浪漫的情绪世界的关系，而是跟诸事纷繁的真实世界的关系，还有跟自然界的关系，跟沙漠、丛林的关系，或者跟周围的几棵树的关系，跟世界上的动物的关系。幸好动物不是民族主义者，它们只为了维持生命而猎杀。如果教育者和学生失去了跟自然、跟树木、跟涌动的大海的关系，每个人显然都会失去他跟人类的关系。

什么是自然？人类费了不少唇舌，花了不少努力来保护我们的大自然——保护鸟类、鲸鱼和海豚，清理受污染的河流、湖泊和绿地等。不像宗教和信仰，自然不是思想拼凑而成的。自然就是那只老虎，那个神奇的动物，有着惊人的能量与力量的动物。自然是田野上一棵孤零零的树，是草地和果园，是那只羞怯地躲在树枝后的松鼠。自然是蚂蚁和蜜蜂，是地球上所有的生灵。自然是河流，不是某条特定的河流，不是恒河、泰晤士河或密西西比河。自然是那所有的山脉、雪峰、幽深的山谷以及伸向大海的连绵丘陵……我们必须对这一切都抱有感情，不去毁坏，不为一己之乐而杀生。

自然是我们生活的一部分。我们从种子生发而来，从大地成长而来，我们是万物的一部分，然而我们很快忘了我们也是动物，跟它们是同类。你会对那棵树抱有感情吗？看它，发现它的美，倾听它发出的声音。去感受那小花小草，那爬在墙上的藤蔓，那些叶子上的光和大片的阴影。你必须对这一切敏于感受，你必须跟你周遭的自然深入交流。也许你生活在一个小镇上，但多多少少是种了一些树的。邻居家园子里的花也许没有得到很好的照料，拥挤在杂草中，但好好看看它吧，去感受你就是其中的一部分，你就是万物的一部分。如果你伤害自然，就是在伤害你自己。

这些话以前都以不同的形式说过，但我们看起来都没怎么上心。是因为我们都各自深陷于问题中吗？深陷于我们的欲望、快乐和痛苦之中，所以从不环顾四周，从不抬头望月吗？看吧！投入你全部的心神去看，投入你的视觉、听觉和嗅觉。去看，去静观万物一如初见。如果能那么做，你就会发现那棵树、那丛灌木、那片草叶，一如初见。然后你就能发现你的老师，发现你的爸爸妈妈、兄弟姐妹，一如初见。那是一种极不寻常的感觉，令人惊奇又陌生，如一个奇迹般的清晨，从未有过，并将永不再来。要跟自然有真正的交流，不只是停留在口头的描述，而要成为它的一部分，去觉察、去感受你属于那一切，要能够对万物饱含深情，要能对森林里的一只鹿、墙上的一只蜥蜴以及地上的一根树枝投去赞美的目光。无言地注视一颗晚星或一弯新月，不要只是说一句“真美啊”就走开了，就被别的东西吸引了，而是仿佛如初见般注视那颗孤星、那弯纤细的新月。如果你跟自然之间有那样的交流，你就能够跟人类交流，跟坐在旁边的男孩、跟你的教育者或跟你的父母交流。我们已经失去了这份深刻相连的感受，在这份感受中不只是口头表达情感和关怀，还有着无言的交流。那是一种我们同呼吸、共命运的感受，一种我们全人类都密不可分的感受，我们不可分割，不属于某个群体或种族或某些理想主义的概念，而是我们都是人类，我们都生活在这个美丽奇妙的地球上。

教育者应该谈论这一切，不只是嘴上说说，他自身还要有由衷的感受——感受自然界和人类社会。它们都是息息相关的。人类无法抽身逃脱。如果一个人毁灭了自然，他就是在毁灭他自己。如果一个人杀死别人，他就是在杀死他自己。敌人不是别人，正是你自己。若能这样和谐地跟自然、跟世界相处，你就会带来一个不一样的世界。

选自《给学校的信》第二卷

一九八三年十一月一日

“看”可以学到很多东西。看你周围的事物，看鸟，看树，看天空，看星星，看猎户星座、北斗七星。不但看周遭的事物可以学习，看人也可以学习——看人走路、举止、谈吐、穿衣等都可以。不但看外在的事物，也看你自己——自己为什么这么想那么想、自己的行为、自己平常的动作、父母为什么要你做这个做那个。你要看，不要抗拒。你抗拒，就学不到东西。如果你已经下了结论，有了某些自认无误的看法，因而很坚持，那么你自然就永远学不到东西。要学习，就需要自由，需要好奇心，需要一种想知道自己或别人为什么这样做、别人为什么生气、你为什么被激怒的心态。

你的父母告诉你该和谁结婚，并且一手帮你安排婚事。他们告诉你该从事哪个行业。所以大脑接受了简单的方式，然而简单的方式并非总是正确的。不知道你们有没有注意到，除了少数的科学家、艺术家、考古学家之外，再也没有人喜爱自己的工作。一般人很少喜欢自己做的事情。他们做那些事情，不过是出于社会的强迫、父母的强迫，还有就是想多赚一点钱。所以，要非常非常仔细地观察外在的世界，观察你的外部世界和内在世界，也就是跟你自身有关的世界，要从观察中学习。

选自《给学校的信》第二卷

一九八三年十一月十五日

如果你跟任何东西都没有交流，你就是死人而已。你要跟河流、飞鸟、树木、黄昏动人的暮光以及水面上的晨光去交流，你要跟你的亲人和邻居去交流。我说的“交流”是不受过去干扰的，因而你看世界万物的眼光是时时更新的——那是跟事物交流的唯一方式，因此你昨日的一切已经死去。但这可能吗？你得去搞清楚这件事，而不是问“要怎么做到”。问出这个问题，就表明了他们的心智状态，他们没有领悟，只想达成目标。

所以我在问你：你曾跟任何东西有过交流吗？你跟自己有过交流吗？——不是跟什么更高的自我、更低的自我的交流，人类搞出无数这样的划分，只是为了逃避事实。要怎样才能进入这种整体的行动？你要亲自去搞清楚，而不是让别人来告诉你。没有“行动指南”，没有方法，没有体系，无法由别人来告诉你。你得自己下功夫。请原谅，我说的“下功夫”跟“工作”无关，人们喜欢工作，那是我们的幻梦之一，即我们必须工作才能有所成就。你不需要工作，当你处于交流的状态时，并不需要做什么，它就在那里。芬芳自在，无须你费力。

所以，如果可以的话，请你亲自去搞清楚，你是否跟任何东西有交流——你是否跟一棵树有交流？看一棵树，看的时候没有思想、没有记忆在干扰你的观察、你的情绪、你的感受，没有东西干扰你高度关注的状态，于是天地间只剩下了那棵树，连那个在看那棵树的你也没有了，知道那是什么状态吗？可能你从未这样看过，因为对你来说一棵树是无足轻重的。所以，你把树木、自然、河流和人群都拒斥在外。于是你跟任何东西都没有交流，甚至跟你自己也没有。你跟自己脑中的观念、言辞打交道，就像那些跟灰烬打交道的人。你知道如果你跟灰烬打交道会怎样吗？你会心如死灰，油尽灯枯。

所以，你首先要意识到，你要去搞清楚整体的行动是怎样的，整体的行动不会在生活的任何层面制造矛盾；你要去搞清楚交流是怎么回事，跟自己交流是怎样的，不是指跟更高的自我、真我、神明之类交流，而是切实地跟自己交流，跟你的贪婪、羡慕、野心、无情、欺骗交流，然后以此为起点再前进。最后你就会亲自搞清楚——是自己搞清楚，而不是别人来告诉你，那是没有意义的——只有头脑彻底寂静，才有整体的行动。

你知道，我们大多数人的头脑是嘈杂的，没完没了地在跟自己喋喋不休——自言自语，或是在唠叨些什么，或是试图说服自己，让自己确信些什么。它一直在活动，在喧闹。我们的行动就出自那样的喧闹。任何源于喧闹的行动都会制造出更多的喧闹、更多的混乱。然而，如果你观察并认识到了交流的真义、交流的困难以及头脑的静默无语——正是那静默无语在传递并接收交流的内容，那么，由于生活就是一场运动，你就会在你的行动中自然、自如、轻松地进入那种交流的状态。在那种交流的状态中——如果你探究得更加深入——你就会发现你不但与自然、与世界、与周遭的一切有了交流，也跟自己有了交流。

跟自己交流，意味着彻底的寂静，那样一来头脑就能静静地跟自己交流世事万物。整体的行动就出自那样的交流。只有从空寂中，才能催生完满而具有创造性的行动。

瓦拉纳西

一九六四年十一月二十二日

根据考古学家们最新的发现，人类似已在这个地球上生活了几百万年。大约一万七千年前，人类在洞穴里留下了搏斗、战争以及无尽悲伤的生活记录——善与恶的斗争，无情与他们孜孜以求的“爱”的斗争。显然，人类并没有解决自己的问题——不是数学问题、科学问题，也不是工程学的问题，而是关系上的问题，关于怎样平静地生活在这个世界上，怎样跟自然亲密接触，以及怎样看见秃枝上的一只飞鸟之美的问题。

来到现代，我们的问题、人类的问题在与日俱增。我们试图根据某些道德、行为准则，根据我们放进脑子里的各种承诺来解决这些问题。我们试图根据我们的承诺、行为规范、宗教准则和制裁来解决问题，解决我们的痛苦、绝望和生活中的矛盾。我们采取某个立场，从那个立场出发，从那个所谓的平台上，我们试图逐一解决我们的问题，一个接一个——这就是我们在生活中所做的事。

一个人可能是位伟大的科学家，然而那个在实验室里的科学家跟在家中的科学家可能是截然不同的，在家中他可能是个民族主义者，可能尖酸、易怒、善妒，跟自己的同行为了名利而竞争。他完全不关心人类的问题，他一心只在乎发现各种物质以及那一类的真相。我们普通人也一样。虽然不是任何领域的专家学者，但是我们固守某种行为方式、宗教观念或是民族主义的毒药，我们以这样的起点力图解决不断增加的问题。

你知道，谈论是没有尽头的，阅读是没有尽头的。语言可以无尽堆砌。然而，重要的不是堆砌语言，不是听人谈话和演说，也不是阅读，而是解决问题——人类的问题，你自己的问题——不是逐一解决，也不是事到临头再解决，不是根据情况解决，不是根据现代生活的压力和负担来解决，而是采取一种截然不同的行动。人类的问题有贪婪、妒忌、心智迟钝、心灵痛苦、极度不敏感、无情、暴力、深度绝望和痛苦。在我们存在的两百万年间，为了解决问题，我们尝试了不同的法则，不同的体系，不同的古鲁，不同的方法，不同的观察、提问和质疑方式。然而，我们还在原地，仍困于无尽的痛苦、困惑和绝望中。

有没有一种全面、彻底解决问题的方式？这样问题就不会再来，即使再来，我们也能够马上面对并解决它们。有没有一种全新的生活方式——不会给问题提供滋生的土壤？有没有一种生活方式——不是指方法、体系类的模式，而是一种全新的生活方式——在任何时候都不会有问题产生，即使产生了，也能够得到迅速解决？头脑如果背负问题，就会变得迟钝、沉重和愚蠢。不知你有没有留意过自己的头脑，留意过你的妻子或丈夫、你的邻居的头脑。无论头脑里纠缠着什么问题，那些问题——哪怕是没有多复杂、多伤脑筋、多迷惑人、多费劲的数学问题——都会令头脑迟钝。我所说的“问题”指的是难题，一段困难的关系，一件迟迟不得解决、日复一日背负着的难事。所以我们问有没有一种生活方式，有没有一种头脑状态，因为它领悟了生活的整体，因而没有了问题，因而能够在问题出现后就立即解决它。因为，一旦问题拖延，即使只拖延一天，甚至一分钟，也会令头脑沉重、迟钝，然后头脑就会失去观察的敏感。

有没有一种全新的行动、一种头脑状态，可以在每个问题一出现就解决它，而且其本身没有任何问题，在任何维度上，不管是意识层面还是潜意识层面上都没有问题？不知道你有没有问过自己这个问题。很可能没有，因为我们大多数人都太沉溺于日常生活的问题了——谋生、回应社会的要求，那些要求建构了占有、贪婪、野心的社会结构，因此我们没时间去探究。今天早上我们要探究这个问题，要探究得多深入多热切，要观察得多清楚多认真，全都取决于你。

我们大概已存在了几百万年——真是可怕！很可能，人类会再存在几百万年，困于永无尽头的痛苦之中。有没有一种方法，有没有什么东西可以让人类从这种状况中解脱出来，不再让他们多受甚至一秒钟的痛苦，不再发明出一种哲学慰藉他们的痛苦，不再有什么信条让他们可以用来应付所有的问题，却反而加剧了这些问题？有没有一种东西可以立刻解决问题，让头脑本身、意识或潜意识都不存在问题？这东西是有的！

我们会深入探究这个问题。虽然讲者要使用语言，并尽可能地借助语言的交流来深入探究问题，但你得用心倾听并了解。你是人类，并非个体，因为你还是世界，是群体大众。你是这个可怕的社会结构的一部分。只有当头脑没有了问题，当它彻底从占有、贪婪和野心的社会结构中脱离出来时，才称得上是个体。

我们说存在一种头脑状态，可以没有任何问题地生活在这个世界上，可以即刻解决出现的任何问题。你要去看看不背负问题是多么重要，即使一天或一秒钟都不用背负。因为未解决的问题越多，你提供给它们生根的土壤就越多，头脑、心灵和警觉的敏感度就损毁得越厉害。所以，问题必须得到即刻解决。在冲突、痛苦以及无数昨日的回忆中活了两百万年，头脑有没有可能从中解脱出来，从此不再分裂、破碎，从此完整、圆满？要搞清楚这个问题，我们就要探究时间，因为问题和时间是紧密相连的。

所以，我们要来探究一下时间。换句话说，活了两百万年后，我们还要在悲伤、痛苦、焦虑、无尽的挣扎和死亡中再活两百万年吗？这是不可避免的吗？社会在发展、演进——通过战争，通过压迫，通过这种东西之争，通过各种民族，通过这个力量那个力量的角力。社会在慢慢地前进，前进，前进——很慢，仿佛睡着了，但它在前进。那么，两百万年之后，社会也许会前进到一个状态，生活在其中的另一群人类是没有野心的，充满着爱、温柔与宁静，并且对美极度敏感。但是，我们非要等两百万年才能进化到那种状态吗？我们就不能没耐心一点吗？我说的“没耐心”指的是其本义：没耐心，对时间没有耐心。换句话说，我们能不能不仰赖时间来解决一切？我们能不能立刻解决问题？

好好想一想这个问题。不要说这可能或不可能。什么是时间？有一种以年月日排列的时间，用钟表呈现的时间——那显然是必要的时间。你要修建桥梁的话，就需要时间。但其他形式的时间——就是“我会怎样”“我会行动”“我绝不能”——是不真实的，那只是头脑发明出来的。如果没有明天——事实上确实没有明天——你的整个态度就不一样了。事实上不存在那样的时间——你饥饿的时候，有性或欲望方面的饥渴的时候，你是不会引入时间的，你想要立刻得到那个东西。所以，了解时间，才是解决问题的根本。

请看到问题跟时间之间的密切关系。比如悲伤的问题。你知道悲伤是怎么回事——不是指终极的悲伤，而是孤独的悲伤，没有得到想要的东西的悲伤，没有看清楚的悲伤，受挫的悲伤，失去某个你认为你爱的人的悲伤以及理智上看清了事情却无法做到的悲伤。在这样的悲伤之外，还有更大的悲伤。请听好。我们接受了时间，即接受了生活的渐进过程，一种渐进的演化方式，从这样到那样的渐变，从愤怒到不愤怒的渐变。我们接受了渐进的过程，我们说那是生活的一部分，我们接受了这一点，实际上也那样生活。

对我来说，那是最大的悲伤：让时间来决定改变。我要等一万年乃至更久的时间吗？我要在这样的痛苦、冲突中再熬一万年，然后慢慢地、逐渐地改变，一点一点、不慌不忙地来吗？接受这一点，生活在那种状态中是最大的悲伤。

可不可能立即结束悲伤？那才是事情的关键。因为我一旦解除了悲伤——在这个词最深层的意义上——那么一切问题就都结束了。因为一颗悲伤的心永远不会体会到什么是爱。所以我得立即来认识悲伤，认识这一行为本身就一刀切断了时间。即刻看清事情，即刻看到虚假——看到虚假的行为本身就是对真相的了解，它把你从时间中解脱出来。

我要再多谈一下“看到”的问题。我们刚刚进来的时候，有一只鹦鹉在那里：一身明艳的绿羽，红色的尖喙，停在碧空下的枯枝上。我们完全没看到它，我们心头占据了太多事，我们太专注了，我们心事纷扰，所以，这只鸟停在碧空下的一根枯枝上，我们却完全无视它的美。“看到”这一行为是即刻的——不是什么“我会学习怎样看”。如果你说“我会学习怎样看”，你就已经引入了时间的概念。那么，不但要看到那只鸟，还要听到那列火车的声音——听到咳嗽声，整场演讲有人不停地在咳嗽——去听那些噪声，听到它是一个即刻的行动。非常清楚地看到也是一个即刻的行动，没有思考的介入——看到那只鸟，看到你实际上是怎样的，不是指最高的灵魂之类的东西，而是看到你的实际状况。

看到，意味着头脑不抱有观点，不抱有信条。如果你脑中抱有信条，就永远看不到那只鸟——停在那根树枝上的那只鹦鹉——你永远看不到它全部的美。你会说“是的，那只鹦鹉属于某某种类，那是某某树的枯枝，天空的蓝色是因为光，因为空气中的微粒”，但你永远看不到那个奇妙造物的整体。感受到那美的整体，是无关时间的。同样，要看到悲伤的整体，时间也绝不能牵扯进来。

我们来换个角度看问题。你知道，实际上我们没有爱——这是很悲哀的发现。实际上我们没有爱。我们有感受，我们有情绪、有感觉、有性欲，我们有一些我们自以为是爱的回忆。但实际上，无情地说，我们没有爱。因为有爱意味着没有暴力、没有恐惧、没有竞争、没有野心。如果你有爱，你永远不会说“这是我的家”。你也许有一个家庭，你努力提供给家人最好的，但那并不会是“你的家”，不是一个与世界相对立的单位。你爱的时候，存在爱的时候，世界就会有和平。如果你爱过，就会教育你的孩子不要成为民族主义者，不要只是有一个技术性的工作，打理着自己那一点点事情。你不会有民族主义的信条。如果你爱过，就不会有宗教的划分。但因为在这个丑陋的世界上这些事情都实际存在着——不是理论上存在，而是不可否认的严峻事实——这就表明你并没有爱。

那么你会怎么办？如果你说“请你告诉我要怎么办吧”，那你就完全没有抓住重点。你必须看到那个问题的重大性和紧迫性——不是明天，不是第二天或是一小时后，而是现在就看到。要看到那一点，你必须具有能量。所以，立即去看到——如果你让时间掺和进来，哪怕一秒钟，解决问题的催化剂就不会产生。我们全部的生活、全部的书籍、全部的希望都是明天，明天，再一个明天。准许时间进入，就是最大的悲哀。

所以，关键在你，而不在讲者。你在期待他给你一个答案，但并没有答案。美正在此处。你可以跷着二郎腿气定神闲地坐在那里，或是头朝下倒立，再等上个一万年。你也可以把问题抛给自己——不是表面上，不是嘴上说说，不是理智上，而是投入你的整个存在。所以问题和时间是紧密相连的——你现在看到这一点了吗?

要为那个问题求一个答案的头脑，不但要了解它就是时间的结果，还要否定它自身，这样它就能跳出时间和社会的结构。如果你刚才好好听了，真的听得非常热切，你就会进入这一状况——不再被时间捏在掌心——不是口头的描述，而是真正如此。头脑，虽然是两百万年或者更久的时间演变的结果，但它停下来了，因为它已看到了整个过程，并有了即刻的领悟。我们可以走到这一步——显然可以做到。当你看清了这件事，会明白那不过就是小孩子的把戏。虽然都是成年人，但是一旦看到了这个真相，你就会喊：“我这一生都干了些什么呀！”然后，头脑就没有了欺骗，没有了压力。

当头脑没有了问题，没有了压迫，没有了方向，头脑就会有空间，头脑和心灵都会有无限的空间。只有在那个无限的空间中，才可能有创造。因为悲伤、爱、死亡和创造都是这个头脑的产物，这样的头脑已从悲伤中解脱出来，已从时间中解脱出来。所以这个头脑就处于爱之中。有爱的时候，就有美。在那份美当中，在那个广阔无限的空间当中，就有创造。更进一步——不是在时间意义上的更进一步——会有一种深广的运动。

你们全都侧耳倾听，希望能在语言上抓住它，但你抓不住——就如你听一场关于爱的演讲并不能让你抓住爱一样。要了解爱，你必须从近处着手，即从你自己开始。当你了解了，当你走出第一步——第一步就是最后一步——接下来你就能走得很远，比飞向月球、金星或火星的火箭走得还远。

瓦拉纳西

一九六四年十一月二十八日

第三章 生命是最神圣的存在

思想是记忆的反应，呈现为经验和知识，所以我们总是在知识的领域内活动。然而知识在一定层面上并没有改变人类。我们有过几千次战争，几千万人饱受其苦，哀哭无告，而我们却继续争战！关于战争的知识并没有教给我们任何东西，除了教给我们怎样在更大的范围更有效地屠杀。我们接受了分裂、民族主义。我们接受那种分裂，虽然它必然会造成彼此之间的冲突。我们接受了思想通过知识带来的不公不义和残忍无情。我们在毁灭很多动物物种：从二十世纪初起，五千万头鲸鱼被猎杀。人类染指的所有事情都会带来破坏。所以，思想，也就是记忆的反应、经验、知识，在一些方面并没有改变人类，尽管它打造了辉煌的科技世界。

当头脑认识到思想的限制、狭隘，那么它就只能问：什么是真理？明白这个问题吗？我不接受哲学家给出的真理——那是他们的游戏。哲学的意思是热爱真理，而不是热爱思想。

那么，什么是真理？……你要付出血汗、投入全副心神来探究这件事，而不是轻易地接受某些愚蠢的说法。你要有能力观察，不是那种需要时间培养出来的能力，比如学习一项技术。当你真的深深地关心这件事，当你认为这是生死大事的时候，这种能力就自然出现了——明白吗？现在去搞清楚吧。

萨能

一九七五年七月十三日

提问者：“你就是世界，你要为整个人类负起全部的责任。”这个观点怎样才能解释得理智、客观、合情合理呢?

克里希那穆提：我不确定它可以被合理、客观地解释清楚。不过在我们说不行之前，先来好好检视一番吧!

首先，我们所生活的这个地球是我们的地球——对吧? 它不是英国人的地球、法国人的地球，或是德国人、苏联人、印度人、中国人的地球，它是我们的地球，我们共同生活在地球上。事实如此。然而思想却因为种族、地理、文化、经济等因素分裂了它。那样的分裂导致了世界的动乱——显然如此。这一点无可否认。那样表达是理智、客观、合情合理的。那是我们共同生活的地球，然后我们却将它四分五裂——出于安全、爱国主义以及政治上的种种考量，各种虚幻不实的理由，最终导致了战争。

我们还说过，所有人类的意识都是相似的。不管生活在地球的哪个角落，我们都经受了各种苦难、痛苦、焦虑、不安和恐惧。我们偶尔能享有一点快乐，有些人或许频繁一些。这是人类所共有的一个基础——不是吗？这是不可否认的事实。我们也许试图回避它，我们也许想说“不是这样的，我是一个独立的个体”这一类的话，但如果你能客观地、不带个人色彩地看一看，你就会发现全人类的意识在心理层面上都是差不多的。你也许长得高一些，好看一些，也许有棕色的头发，我也许是黑皮肤或白皮肤或是别的肤色，不管是什么颜色——在内心世界，我们全都经历过黑暗时期。我们全都有一种绝望的孤独感。你也许有孩子，有丈夫或妻子，有家庭，但当你独自一人时，你就会生出一种跟任何东西都没有关系的感觉。你感到一种彻底的孤独感。我们大多数人都有过那种感觉。这是全体人类的共同基础。不管这个意识的领域发生了什么，我们都负有责任。换个说法，如果我是暴力的，那么我就在那个我们所有人共同的意识中添加了暴力。如果我不是暴力的，我就没有在加剧它，而是在往那个意识中添加全新的素质。所以，我责任重大：我要么加剧了世界的暴力、困惑、严重的分裂；要么由于我从骨子里有了深刻的认识，认识到我就是世界，我就是人类，世界与我无二无别，然后我就变得深具责任感。这还需要解释吗？这就是理智的、客观的、合情合理的。另外的那些说法才是胡说八道——称自己是印度人或佛教徒、基督教徒，诸如此类——那些不过都是标签。

如果我们有了那种感受，感受到那个现实、那个真相，即每个生活在这个地球上的人不但要为他自己负责，还要为发生的所有事情负责，那么要怎样把这个认识转化到日常生活中呢？你有那种感受吗？那不是一个理性的结论、理想，否则就没有真实性可言。如果真相就是你站在所有人类共同的基础上，你感到要负起全部的责任，那么对这个社会，这个你真实生活在其中的世界，你要采取什么行动？如今的世界中存在着暴力。假设我现在意识到我负有全部的责任，我要怎么办？我要加入一个恐怖组织吗？显然不是。当我感受到自己对此负有责任，自然就不再与人竞争。而宗教领域跟经济领域和社会领域一样，建立在等级森严的基础上。我也应该抱有这种等级划分的观念吗？显然不应该。因为那个说“我知道”的人高高在上，地位显赫。如果你想要那个地位，并追求它，那你就在加剧这个世界的混乱。

所以，当你有了领悟，当你打心底里认识到你就是人类，认识到我们站在共同的基础上，那时你就会有切实的、客观的、合理的行动。

萨能

一九八一年七月二十九日

我们已经探究了爱的本质，接下来要进一步探讨的问题需要更深的洞察力、更强的觉知力。我们发现，对大多数人而言，爱意味着舒适、安全，意味着余生持续享有情感慰藉的保障。然后，像我这样的人出现了，发出质问：“那算是真正的爱吗？”我还要求你向内检视你自己。然而你竭力避免去看，因为那实在太令人不安了——你宁可去讨论灵魂的问题或是政治经济方面的形势——不过如果你被逼到一个角落不得不看时，就会发现你一直以为的爱根本不是爱；那不过是相互满足、彼此剥削。

我说“爱没有明天，也没有昨天”，或者说“自我中心一旦消失，爱就出现了”，这些话的含义对我而言是真相，对你却不是。你也许会引用它们，把它们变成一个准则，但那是没有用的。你得亲自看清它们，但要看清这个真相，就必须有看的自由，必须从所有的谴责、判断、同意和不同意中解脱出来。

看或者听是生活中最难的事情之一。看和听是同一件事。如果你的眼睛被你的忧虑所遮蔽，就看不到落日的美。我们大多数人都已失去了跟自然的联系。文明的发展造就了越来越多的大城市。我们也都渐渐成了城里人，生活在拥挤的公寓中，空间狭小，连抬头看一眼晨昏的天空都不可能。因此我们正在失去跟丰富的美的联系。不知道你是否注意到，我们中很少有人会关注日升日落，很少有人会去欣赏月光或是水面上浮泛的光影。

人远离自然后，就会专注于智力的发展。我们阅读大量的书，参观各种博物馆，参加音乐会，看电视，投身于各种娱乐活动。我们没完没了地引用别人的观点，兴致勃勃地思考和谈论艺术。为什么我们如此器重艺术？它是一种逃避吗？是一种刺激吗？如果你直接接触自然，如果你观察鸟儿振翅的动作，看到天空分秒变幻的美，注视山脉上的阴影，或是一张动人的脸，你认为你还会去任何博物馆欣赏任何画作吗？也许是因为你不知道怎样观察周围的万事万物，才会求助于某些“迷幻药”来刺激自己看得更清楚。

有这么个故事：一位师父每天早晨都会给他的弟子们一番开示。某天早上，他走上讲台正要开讲，一只小鸟飞到窗台唱起歌来，它唱得非常投入。待它唱完展翅飞去后，师父宣布：“今天早上的开示到此结束。”

在我看来，我们最大的困难之一就是，真正看清楚事物，不仅看清楚外在的事物，也看清楚内在的世界。我们声称看到了一棵树、一朵花或一个人的时候，我们真的看到了吗？还是只是看到了那个词所制造的意象？意思就是，当你看一棵树或黄昏时分天上云彩的光影变幻时，你是否真正在看着它，不是用上了你的眼睛和智力，而是全身心地投入了进去？

你有没有试过纯粹地观察一个客观的事物，比如观察一棵树，抛开所有的联想、所有你拥有的关于它的知识，抛开所有的偏见、判断以及语言，抛开所有这些造成你和树之间的屏障、阻碍你直接看到真实的树的东西？试一试，看看当你用你全部的存在、全部的能量看那棵树的时候会发生什么。在那种强度中，你会发现观察者完全消失了，只剩下了纯粹的关注。漫不经心的时候，才会出现观察者和被观察者的区分。在你全身心关注事物的时候，概念、公式或者记忆是没有立足之地的。了解这一点非常重要，因为我们接下来要探究的事情，需要非常敏锐的观察力。

如果你的心能望着树木、星辰或波光粼粼的河水到完全忘我的地步，就会知道什么是美。我们真正在看的时候，就是沐浴在爱当中的。通常我们是在比较中、在人类拼凑而成的事物中了解美的，这表示我们总是把美归因于某个东西。我看到一栋我认为很美的建筑物，我认为它美，是基于我的建筑学知识，基于我把它跟以前见过的其他建筑物的比较。但现在我要问自己：“有没有一种美是无关具体事物的？”只要那个进行检查、体验和思考的观察者出现，美就消失了，因为那份美成了观察者在察看和评判的外部事物了。然而，只有观察者消失——这需要极高的冥想和探究水平——那时才会有无关具体事物的美。

彻底抛弃观察者和被观察者的模式，美才会被发现。只有拥有一种彻底的朴素，才能做到忘我。不是那种宗教人士的朴素——那种跟严苛、制裁、戒律和服从有关的东西；也不是那种在衣着、食物、观念和行为上的朴素——而是一种纯粹的简单，也就是完全的谦卑。这时就没有达成什么的欲望，没有往上爬的阶梯了。只有第一步，第一步就是永恒的一步。

假如你跟别人同行散步，你们的交谈暂时告一段落，你们身处大自然的怀抱，没有狗吠，没有车声，连鸟儿振翅的声音也听不到。你们完全静默，周围的大自然悄然无声。在观察者和被观察者双方都归于寂静时，也就是观察者没有在把他观察到的东西诠释为思想时——在那样的寂静中，就有一种不同品质的美。既无自然界，也无观察者，在那种状态中，头脑完全、彻底地寂然独立。是独立，不是孤立，是处于寂然不动的状态，那种寂然不动即是美。你爱的时候，有一个观察者吗？只有爱沦为欲望和快乐的时候，才会有一个观察者。当爱不跟欲望和快乐相连，就会变得非常强烈。那份爱，一如美，每一天都是焕然一新的。就像我说的，它既无昨日，也无明天。

只有当我们抛开任何先入为主的观念和意象观察的时候，才能够直接接触生活中的任何事物。我们所有的关系实际上都不真实——意思就是，所有的关系都是建立在思想形成的意象上的。如果我对你抱有意象，你对我抱有意象，自然我们就根本看不到真正的对方。我们所看到的，只是我们形成的关于对方的意象，这就阻碍了真正的交流，所以我们的关系才会出问题。

我说认识你的时候，意思是我认识昨日的你。我不认识现在的你。我所知的不过都是关于你的意象。那个意象是由你对我的毁誉、你对我的所作所为拼凑而成的；它是由我对你的所有记忆拼凑而成的。而你关于我的意象也以同样的方式拼凑而成，所以是这些意象在构成关系，这阻碍了我们彼此真正的沟通。

两个人如果一起生活太久，就会对彼此抱有意象，这会阻碍他们产生真正的关系。如果能懂得关系，我们就能合作；然而如果存在意象、符号、意识形态的概念，合作就没有可能。只有当我们懂得了彼此之间真正的关系，爱才有可能；而如果我们对彼此抱有意象，爱就被排除在外了。因此，看到你在日常生活中是怎样在对你的妻子或丈夫、孩子、邻居、国家、领袖、政客建立种种意象的，是非常重要的，要真正看到，而不是理智上明白——除了意象，你一无所有。

这些意象制造了你和你所观察的事物之间的距离，这份距离中就存在着冲突，所以我们现在要一起搞清楚，有没有可能从我们制造的距离中摆脱出来。这份距离不但存在于我们的外部世界，也存在于我们的内心，这份距离造成了人类在他们所有的关系中都与他人貌合神离。

你对问题的关注，就是解决它的能量。当你投入全身心的关注——意思就是投入你的全部——观察者就完全消失了。除了关注，别无其他，这份关注就是全部的能量，这全部的能量就是最高的智慧。显然，在那种状态中，头脑必然是完全寂静的，只有全然地关注，才会出现那样的寂静、那样的安然不动，它不是训练出来的。完全的寂静中，既没有观察者，也没有被观察的事物，那就是极致的宗教之心。在那种状态中发生了什么，是难以言传的，因为用语言表达出来的东西并非真相本身。要亲自搞清楚，你就得深入进去。

每个问题都跟其他的问题息息相关，所以如果你能彻底解决一个问题——不管是什么问题——你就能轻松面对所有其他的问题并解决它们。当然，我们所指的是心理上的问题。我们已经看到，问题只存在于时间中，意思就是当我们没有彻底面对事情的时候，问题就会出现。所以，我们不但必须觉察大自然，觉察问题的结构，彻底地看清楚，还必须在问题一出现时就面对它，快速地解决它，那样它就不会在头脑中生根。如果我们任由问题拖延下去，一个月或是一天，甚至几分钟，心就会被扭曲。所以，有没有可能在问题出现时立刻就面对它，不做任何扭曲，从而快速彻底地从中解脱出来，从而在头脑中不留一丝记忆、一丝痕迹？这种记忆就是我们所抱持的意象，就是这些意象在面对生活这件非凡之事，因此才会有矛盾，才会有冲突。生活真真切切——生活不是抽象之物——所以当你用意象面对它时，问题就会出现。

有没有可能在问题出现的时候就面对它，没有时空的间隔，没有你和你所恐惧的事物的隔阂？只有当观察者不再延续自我感觉时才有可能，观察者也就是意象的制造者，是记忆和观念的累积，是一堆抽象之物。

仰望星辰的时候，你望着天空中的星星，夜空星光流溢，凉风习习，而你带着你痛楚的心灵，在观察、体验和思考。你，就是中心，正在制造距离。你永远无法明了你和星辰之间的距离，你和你的妻子或丈夫和朋友之间的距离。因为你从未抛开意象看过任何东西，那也是你无法明白什么是美、什么是爱的原因。你谈论爱和美，描写它们，但从未明白过它们，也许你在罕有的忘我的刹那有过那么一丝体验。只要存在一个围绕自身制造空间距离的中心，就不会有爱，也不会有美。当中心和距离消失的时候，爱就出现了。你爱的时候，你就是美。

当你看对面的一张脸时，你是从一个中心出发的，那个中心制造了人与人之间的距离，那就是我们的生活如此空虚、如此冷漠无情的原因。你无法培养爱、培养美，你也不能发明真相，然而如果你始终在觉察当下所做的事情，你就能培养觉察力。从那份觉察力出发，你将会看到人类的快乐、欲望、悲伤、无聊以及彻底孤独的本质。然后你就会开始碰见“距离”的问题。

如果你和你所观察的事物之间存在着距离，就不会有爱。没有爱，不管多么起劲地改革世界、建立新的社会秩序，不管谈论多少进步提升，你都只会制造痛苦。所以，一切在你。没有领袖，没有导师，没有人会告诉你要怎么做。在这个世界上，你完全是孤身一人。

选自《从已知中解脱》第十一章

你若疏远了自然，也就疏远了人类。你若是跟自然断了关系，就会变成屠杀者。为了得利，为了“运动”，为了获取食物或知识，你屠杀海豹的幼崽，屠杀鲸鱼、海豚和人类。于是自然怕了你，收回了它的美。也许你长时间在林中散步，或在风景宜人的地方露营，但你是屠杀者，你已失去了它们的友情。可能你已失去了跟所有事物的联系，失去了跟你的妻子或丈夫的联系。你太过忙碌，汲汲于成败得失，沉溺于一己的思虑与悲喜中。你活在自我隔绝的黑暗中，而逃避这种隔绝只会带来更深的黑暗。你的兴趣在眼前的生存上，你漫不经心，得过且过，也许还粗野暴力。因为你的不负责任，成千上万的人死于饥饿或屠杀。

你把世界的秩序拱手交给了满嘴谎言、腐败堕落的政客，交给了知识分子，交给了专家。因为你心无正义，你就建立了一个不道德不诚实的社会，一个完全基于自私的社会。然后，你逃离这一切，逃离你要为之负责的这一切，逃向海滩，逃向树林，或是带上枪去“运动”。

你也许知道以上所说的这一切，但知识不会带给你内心的改变。当你对生命的整体有了感受时，就会跟宇宙产生联结。

选自《克氏日记》

一九七五年四月四日

不似地中海那样蓝得深浓，太平洋的蓝空灵出尘，特别是当你沿着海边驾车向北行驶，一缕微风正好从西边吹来的时候，这种空灵的感觉尤其强烈。太平洋是那样温柔、耀眼、清澈，满涌着欢快。偶尔你还会邂逅鲸鱼群喷着水向北行进，因为不太跃出水面，所以很少看到它们硕大的头部。它们好大一群，喷着水前进着，看起来真是非常强有力的动物。那天的海就像一面湖，静静的，没有一点声音，没有一点浪花，它的蓝不是那种澄澈涌动的蓝。大海睡着了，你好奇地望着它。那座房子俯瞰着大海（译者注：是他在马利布时居住的房子）。那是座漂亮的房子，有幽静的花园、绿油油的草坪，满园繁花围绕。房子很大，沐浴在加州的阳光下。兔子也喜欢这里，它们会在清晨和傍晚来访，它们会吃花儿，吃那些刚种下的三色堇、金盏花以及开着小花的植物。周围虽然上了一圈铁丝网，但还是挡不住它们；也不能捕杀它们，那是罪过。不过一只猫和一只仓鼠给花园带来了秩序。那只黑猫在花园里四处溜达；仓鼠白天栖息在茂密的桉树林中，你能看得到它们，它们一动不动地停在那里，又圆又大的眼睛正闭着养神。兔子们不来了，花园就葱郁起来，而蔚蓝的太平洋自如地流动着。

给宇宙带来混乱的是一部分人类。他们残忍无情又极其暴力，无论在哪里，都会给自己和周遭世界带来痛苦和混乱。他们造成各种破坏，毫无慈悲心。他们内心没有秩序可言，所以被他们染指的东西都会败坏、失序。他们染指的政治沦为了精心伪装的强权，不管是私人团体还是国家团体，都彼此斗争、欺诈。他们染指的经济被限制，因而不能惠及大众。他们染指的社会道德沦丧，无论是自由社会还是专制社会都是如此。他们信奉宗教，去敬拜，参加没完没了、毫无意义的仪式，但其实并没有宗教之心。冷漠无情、不负责任、彻头彻尾以自我为中心——他们怎么会变成这样？为什么？你可以找到上百种解释，那些给出解释的人，从很多书本里汲取知识，在动物身上做实验研究，妙笔生花，辩才无碍，却一样逃不过人类悲伤、野心、自负和痛苦之网的缠缚。是因为人类受制于环境，于是就寻求外在的肇因，期待外在的改变能够转化内在？是因为人类过于依赖自己的感官，受制于自身眼前的需求？是因为人类完全陷溺在思想和知识的运作中了？是因为他们太浪漫、太多愁善感，以致在理想、信念和主张中变得残忍无情了？是因为他们总是被引导，扮演追随者，还是因为化身为了领袖，成了古鲁？

外在和内在的分裂，是冲突和痛苦的开端；他们就陷在这种矛盾中，这种永无尽头的传统中。困在这种毫无意义的分裂中，他们迷失了，成了别人的奴隶。外在和内在是思想想象和臆造出来的事物。思想是四分五裂的，它制造了混乱和冲突，也即分裂。思想无法带来秩序，无法育成自然而然流淌出来的美德。美德并非记忆的重复，并非不断地练习。由知识构成的思想受制于时间。生命是一个整体的运动，思想在其本质和结构上是无法整体把握生命的。由知识构成的思想，无法洞彻这种整体性。只要也还是那个觉察者，是那个由外向内看的局外人，就做不到无选择地觉察这一点。由知识构成的思想，在觉察中毫无用处。只有明白这一点，我们的日常生活才会处于一种不费力的运动中。

选自《克氏日记》

一九七五年四月六日

我们认识到在生活中、在你我心中存在着分裂。你我不过是一些碎片。我们自身是由许多碎片组成的。碎片之一就是观察者，其余的那部分碎片就是被观察者。观察者意识到那些碎片，但观察者也是碎片之一。他跟其余的碎片并无不同。因此你得去搞清楚观察者、经验者和思考者到底是怎么回事。观察者是由什么组成的，观察者和被观察者之间的分裂是怎样形成的？我们说，观察者就是碎片之一。为什么他抽离出自己，假定自己是分析者，是那个在觉察的人，是那个能够控制、改变的人？观察者就是审查官，是社会、环境、宗教以及文化上制约的结果。也就是说，你跟你在观察的那个东西是不一样的。你是更高的自我，而那个是低下的自我，你觉悟了，而那个没有觉悟。是什么东西给了更高的自我权威，声称他自己觉悟了？因为他成了审查官？那个审查官说“这是对的，这是错的，这是好的，这是坏的，我必须这么做，我必须不那么做”，这都是他的制约的结果，这些制约来自社会、文化、宗教、家庭以及种族等。

所以观察者是审查官，受制于他的环境。他假定了分析者的权威。碎片的其他部分也假定他们的权威。每一个碎片都有它的权威，所以就有争战。所以观察者和被观察者之间存在着冲突。要从这种冲突中解脱出来，你就得搞清楚你能够不以审查官的眼光观察事物。也就是要意识到审查官的眼光是他制约的结果。这双眼睛能够自由地观察吗？能够自如无碍地观察吗？

头脑能够从这所有的制约中解脱出来吗？……我受制于长达千万年的文化……头脑本身能够从所有的

制约中解脱出来吗？这些制约呈现为观察者，即一个循规蹈矩的实体，一个受制于环境、文化、家庭和种族的实体。如果头脑没有从制约中解脱出来，它就永远无法从冲突中解脱出来，因此无法摆脱神经过敏……除非我们彻底自由，否则我们就是失衡的人类。由于我们的失衡，就会制造出种种苦难。

所以，成熟就是从制约中解脱出来。那种自由显然不是观察者带来的，观察者正是所有记忆、所有思想的源头。我能用从未被过去染指的眼睛观察事物吗？那就是清醒。你能抛开意象看那朵云、那棵树，看你的妻子或丈夫和朋友吗？首先要觉察到你抱有的意象，不是吗？要觉察到你在透过一个信条、一个意象或概念观察着生活，而那些都是造成扭曲的因素。要无选择地觉察到这一点。只要是观察者在觉察这些，就会有扭曲。因此，你能观察却不扮演审查官吗？你能倾听却不做任何解读、比较、判断、评估吗？你能听那微风，听那风吟，却不受任何过去的干扰吗？

布洛克伍德公园

一九七〇年九月十日

提问者： 为什么在自然的平衡中总是萦绕着死亡和痛苦？

克里希那穆提： 为什么人类杀了五千万头鲸鱼？五千万头——你知道吗？我们还在灭绝各个物种——老虎快死完了，还有猎豹、美洲豹和大象，就为了获取它们的皮肉、牙齿——你们都清楚这些事。人类不是比其他任何动物都凶残危险得多吗？你想知道为什么在自然中存在死亡和痛苦。你看到老虎猎杀一头牛或鹿。那是它们天然的生活方式，但一旦我们插手干预，就会变成真正的残忍。你见过海豹的幼崽被锤击头部而死，这引发了一场大规模抗议，但联合国说我们不得不那样。你们都知道这些事。

所以，我们应该从哪里开始了解我们周遭的世界以及我们内心的世界？我们内心的世界是如此错综复杂，所以我们就想先从了解自然界开始……我们要是能够从自身开始，不做出伤害，不暴力，不做民族主义者，去感受全体人类，也许我们就能跟自然有一个恰当的关系。现在，我们在毁灭地球，在毁灭大气、海洋以及海洋生物，因为我们就是世界最大的危害，还有我们的原子弹——你们都知道那些事情。

提问者：你说我们就是世界，但世界的大多数人似乎在搞大破坏。全体中的少数能够跟大多数相抗衡吗？

克里希那穆提：你是那少数人吗？我不是在开玩笑。这不是个冷酷的问题。我们是那些少数人吗？我们中有人已跟那一切破坏完全脱离干系了吗？还是我们多多少少都在造成彼此间的仇恨——在心理上？你也许无法阻止苏联或美国、英国或日本去攻打别的国家，但在心理上我们摆脱了我们共同的遗传了吗？也就是我们种族的、被美化的民族主义？我们从暴力中解脱出来了吗？我们在自身周围竖起高墙的地方，就存在暴力。请用心了解这一切。我们在自身周围筑起了高墙，十英尺高、十五英尺厚。我们所有人都高筑围墙。所以，那少数人和多数人就是你。如果我们中有一群人从根本上转变了我们的内心，你就绝不会问这个问题，因为那时候我们就焕然一新了。

提问者：如果存在最高的真理和秩序，那么为什么这个存在会纵容人类在地球上如此妄为？

克里希那穆提：如果有一个最高的存在，那么他必定是个怪人，因为如果他创造了我们，那我们就是他的一部分。如果他是有序的、理性的、充满同情心的，我们就不会是现在这副样子。你可以接受人类是自然进化的学说，生命始于一个小小的分子，然后一路进化直到现在。

如果你接受了宗教的观念，接受了那个最高的存在掌握着全部的秩序，你就是那个存在的一部分的说法，那么那个人必定非常残忍——极其无情地令我们胡作非为，彼此毁灭。人类创造了现在这个世界，人类创造了社会，创造了关系的世界、技术的世界、社群的世界——我们彼此间的关系。是我们，而不是上帝或某些高高在上的存在制造了世界。我们要为此负责，那是我们一手造成的。依赖某个外部的指导者来转变这一切，那个游戏已经玩了几千年，可你们还是老样子！也许有一点点变化，变得比较善良、比较宽容了。

布洛克伍德公园

一九八〇年九月四日

105

我们从未视生活为奇妙的运动，一直无视它的深邃与浩瀚。我们把生活窄化为一件粗糙、琐碎的事情。生命真的是最神圣的存在。

我们从未把世界看成一个整体，因为我们是如此分裂，如此受限，如此渺小。海洋、大地、天空，整个自然界、整个宇宙，都是我们的一部分，我们却从未有过这种浑然一体的感觉。这不是想象出来的——你可以漫游到某些浪漫幻想中，想象我们就是宇宙。然而，要是突破这个渺小的、以自我为中心的兴趣，要是把那个东西抛弃干净，以此为起点，你就能走向无限之境。

布洛克伍德公园

一九八三年九月四日

第四章 美本身就是美德

危机无关经济、战争，无关政治人物和科学家们，危机就在我们内心，就在我们的意识中。只有当我们非常深刻地了解了意识的本质，才会发出质疑，深入探究并亲自搞清楚是否可能彻底地改变意识，否则世界会继续制造更多的苦难、更多的混乱、更多的恐怖。所以，我们的责任不在于做些政治上或经济上的利他之行，而在于了解我们存在的本质——生活在这个美丽的星球上，我们人类怎么会变成现在这样？

所以，如果你愿意的话，如果你有一份责任感，我们就可以一起来了解意识的本质，了解我们存在的本质。这不是一场演讲，你和讲者是在一起观察这意识的活动，观察它跟世界的关系，观察它是个人的、孤立的还是跟全体人类有关的。从小教育者就告诉我们，要做一个有着独立灵魂的独立个体——如果你相信灵魂的话。你已经被训练、被教育、被制约，你总是从个体的身份思考问题。由于我们有着各自的名字、各自的样子——深色皮肤、浅色皮肤，高的、矮的，好看的等——还有各自的性情和经验，所以我们认为我们都是独立的个体。现在我们就要来质疑这个观念：我们是个体吗？

这么问不是说我们是某种模糊的存在，而是说我们真的是个体吗？整个世界坚持说我们都是独立的个体，不管是在宗教层面，还是在其他方面。从那个观念出发，或者说从那个幻想出发，我们每个人都试图实现或成就些什么，我们彼此竞争，彼此争斗。所以，如果我们保持那种生活方式，就必然会依附于民族主义、部落文化以及战争。为什么我们会紧紧抓住民族主义及其背后的热情——世界当下的状态正是如此？

为什么我们如此重视民族主义——其本质也就是一种部落文化？为什么？是因为抓住了一个部落、一个团体，就有了某种安全吗？不但有了物质上的安全，也有了心理上的安全，一种内心的一体感、完整感？如果是那样，那么另一个部落也有同样的感受，于是分裂、战争和冲突就产生了。

如果我们真的看到了其中的真相，不是在理论上的明白；如果我们想要生活在这个地球上，这个地球是我们共同的地球，不是你的，也不是我的，不是美国人的，不是苏联人的，也不是印度人的，那么就根本不会有民族主义。有的只是人类的存在。只有唯一的生活——不是你的生活或我的生活，而是活出生命的全部。然而，个人主义的传统，却被东方和西方的宗教所共同助长着。

那么真是这样吗？你知道，怀疑是非常好的。善于质疑，不轻易接受，发出呼吁说我们不能再这样残忍、暴力地生活，这是非常好的。所以，怀疑、质疑是极其重要的。不接受我们已经过了三十年的生活方式，不接受人类过了千万年的生活方式。所以，我们在质疑个体存在的真实性。

认识到就是觉察到、观察到、知道、理解。意识的内容就是你的信仰、你的快乐、你的经验、你累积的某些知识，这些知识要么来自外在的经历，要么来自你的恐惧、执着、痛苦、孤独、悲伤以及对某些超物质存在的追寻，那一切都是一个人的意识及其内容。内容形成了意识。没有内容，就没有我们所知的意识。意识非常复杂、矛盾且极其活跃，那是你的意识吗？思想是你的思想吗？还是只存在思考本身，不论是东方的思考还是西方的思考？只存在思考，全人类共有的思考。技术人员有着高超的技能，僧侣们隐遁世间，专心于一个观念，仍然都是思考。

这个意识是全人类共有的吗？不管走到哪里，我们都看到痛苦、焦虑、孤独、疯狂、恐惧和渴望。这是共同的，这是每个人共同的根基。你的意识就是人类的意识，就是全世界其他人的意识。如果我们理解了其中的本质——也就是，你就是其他的人类，虽然我们可能有着不同的名字，生活在世界上不同的地方，受着不一样的教育，或富裕或贫穷——当你透过面具，你就跟其他人是一样的：神经质，经受着痛苦，经受孤独和绝望，相信着某些幻象，等等。不管你去东方还是西方，都是这样。你可能不喜欢这么说，你可能乐于相信你是完全独立的、自由的个体。然而，如果你深入观察，你就会发现你是其他所有的人类。

欧亥

一九八二年五月一日

觉察每一天的美、每一个新鲜的清晨以及世界的奇妙。这是个美妙的世界，我们却在毁坏它；我们彼此之间的关系，我们跟自然、跟这个地球上一切生灵的关系都在毁坏着这个世界。

我们可以来探究一下寂静的脑子是怎样的吗？只有通过深度的寂静，你才能学习、观察，而不是在你制造出很多噪声的时候。要观察这些山峰、这些美丽的树木，要观察你的家人和朋友，你必须拥有空间和寂静。如果你在喋喋不休、飞短流长，就不会有空间或寂静。我们需要空间，不但需要物质世界里的空间，也需要心理世界中的空间。当我们想着自己时，那个空间就没有了。这很简单。因为，心理世界中有着巨大空间的时候，人就会有巨大的活力。但如果空间被限制在个人的小小自我上，那个巨大的活力就完全被制约了。所以，冥想就是终结自我的原因就在这里。

这些话你可以一直听下去，但如果不践行，听那么多又有何意义？如果你不切实地去觉察你自己，觉察你的语言、你的动作、你怎么走路、你怎么吃东西、为何饮酒抽烟以及人类在做的种种——如果你不觉察所有物质世界的事物，又怎么能觉察到内心深处在发生的一切？如果一个人漫不经心，就会变得粗糙而平庸。“平庸”最根本的意思就是“半途而废”，爬山爬到半山腰，从未抵达顶峰，那就是平庸。换句话说，从不要求自己卓越，从不要求自己达到彻底的善或自由——不是随心所欲的自由，那并不是自由，那是肤浅的，真正的自由是从所有的焦虑、孤独和绝望的痛苦中解脱出来。

所以，要找到或邂逅那个东西，或者让它有存在的可能，就必须有极大的空间和极深的寂静——不是刻意制造的寂静，不是思想说我必须寂静。寂静不是寻常之物，不是两段噪声之间的空当。和平并非两场战争的间歇。当你留心观察时，当你没有动机、没有任何需求地观察，就只是观察时，当你看到夜空中孤星闪耀的美，看到田野上孤零零的一棵树，看你的妻子或丈夫，或不管什么时，寂静就自然而然出现了。请在深阔的寂静与空间中观察。在那样的观察中，在那样的警觉中，就存在着超越语言、不可测度的东西。

我们使用语言去测度不可测度之物。所以，我们还必须觉察到语言之网，觉察到语言怎样欺骗我们，怎么变得举足轻重。然而，我们要去觉察这些词并与“寂静”这个词共处，了解这个词并非寂静本身，但要跟这个词共处并看到这个词的分量和内涵，看到这个词的美！所以，我们开始认识到，当思想默然静观时，那超越一切想象、怀疑和追寻的东西就在了。那东西是存在的——至少对讲者来说。但讲者所说的东西对他人是不起作用的。如果你倾听、学习、观察，并从生活所有的焦虑中解脱出来，就会带来崭新的、截然不同的文化。我们根本算不上文明人。你也许做生意非常聪明，你也许在技术上才能卓越，你也许是医生或教授，但我们仍然深受限制。

终结自我，终结那个"我"，意味着"一无所是"。"无"表示"什么也不是"，不是思想创造出的任何东西。什么也不是，对自己不抱意象。然而，我们却对自己抱有很多意象。要不抱有任何意象，没有幻想，做个彻底的无名之辈。一棵树对其自身而言什么都不是。它只是存在着。在这纯粹的存在之中，它就是最美的造物，就像那些山——它们默然独在。它们没有变成别的什么，因为它们做不到。就像种植苹果树，是苹果种子就长成苹果，它不会想变成梨子或别的水果——它如实存在。明白吗？这就是冥想。不再寻寻觅觅而真相已在。

欧亥

一九八三年五月二十二日

提问者：我们怎样才能生活在这个地球上，却不伤害或摧毁它的美，不给他人带来苦难和死亡？

克里希那穆提：你曾经问过这个问题吗？真正地探问过吗？不是理论上的疑惑而是真正提出这个问题并面对它？没有躲闪，没有辩解，说苦难不可避免之类的废话，而是直视它，面对它。你有问过这样的问题吗？不是群体性的质问，不是向某个想拆毁国家公园或想这样那样的政客示威。问这样一个问题，意味着你内心的疑惑炽烈如焚，它是一个极其真切的问题，而不是随性想出来打发时日的泛泛之问。活在这个地球上，置身于它惊人的美中，而不去毁坏它；结束悲伤，不杀害他人，不杀害生灵。在印度有一个宗派，他们的出行方式就是走路，他们不搭火车、飞机和马车，他们戴上面罩，只为了呼吸时不伤及飞虫。那个群体的一些人曾来找过讲者，一路跋涉八百英里。他们不会杀生。

但有些人杀生：猎杀屠戮，或为运动，或为消遣，或为谋利——那整个肉类工业。那些毁坏地球的人，排放有毒气体，污染空气水源，污染彼此。这就是我们对地球、对自身的所作所为。我们能活在这个地球上，活在它的大美中，却不给他人带来苦难和死亡吗？这是个非常非常严肃的问题。不给他人带来苦难或死亡，这样的生活意味着不杀人，也不为运动或食物杀动物。明白吗？这就是问题。

在印度有某个阶级的人是从不食肉的。他们认为杀生是不对的。他们当时被称为婆罗门。西方的文明从未探问过杀生是不是正确，杀死任何生灵是否正当。

西方世界曾毁灭过整个族群，不是吗？美国曾摧毁了印第安人，把他们赶尽杀绝，因为他们想要印第安人的土地。所以，我们能活在这个地球上却不杀戮不战争吗？我可以回答这个问题，但如果你在杀生，回答对你又有何意义呢？我不是在提倡素食主义，但杀死一根胡萝卜也是杀生，那么界限在哪里？你在制造问题吗？明白我在问什么吗？

如果你反对战争，就像某些人那样反对战争，包括我自己，反对为任何理由杀人，那么你就连寄封信都不可以了。你所购买的邮票，你所获得的食物，你所支付的一部分钱用在了国防和军备上。如果你买汽油，一部分钱也用在了那上面，不胜枚举。那么你要怎么办？如果你不缴税，就会被罚款或送进监狱。如果不买邮票或汽油，你就写不了信，去不了远处。所以你就把自己逼到了死角。活在角落里相当没有意义。所以，你要怎么办？你说“我不写信，我不出行”，所述种种都在支持陆军和海军，都在支持军备这一系列勾当。你会以另一种方式面对这个问题——我们为什么杀戮?

我们怎样才能活在这个世界上，却不杀生，不给他人带来苦难?深入探究这个问题，是个非常非常严肃的过程。我们怀有那份爱来回答这个问题吗?如果你爱一个人，你会杀死那个人吗?你会杀死任何东西吗?除了你需要粮食、蔬菜、坚果等的时候，除了那个原因，你会杀死任何东西吗?探究这所有的问题，天啊，在生活里探究它!不要只是随口谈论。

分化这个世界的是理想，是彼此对立的意识形态，是人与人之间这种不断的明显的分歧。他们努力想用逻辑、理由和各种机构、基金会、组织来联结彼此，然而都徒劳无功。这是事实。知识也没有解决这个问题——累积起来的经验之类的知识。思想当然也没有解决这个问题。

所以，只有做这一件事能有出路：发现什么是爱。爱不是欲望，不是占有，爱也不是自私，不是以自我为中心的活动——我第一而你第二。然而，那样的爱对大多数人而言显然没有意义。他们也许撰写关于爱的书，但那没有意义，所以他们试图造出那个品质、那缕芬芳、那团火焰、那腔慈悲。慈悲有它自己的智慧，那就是最高的智慧。如果有了那份智慧，那份出自慈悲与爱的智慧，那么所有的问题都会简单无声地得到解决。但是我们从未把问题追踪到终点。我们也许只是停留在理智上、口头上，但如果你能投入你全副身心和激情来探究这个问题，那么地球就不会失去它的美。那时，我们自身也会心怀大美。

欧亥

一九八四年五月二十四日

月亮刚跃上山顶，就被一缕蛇形的长云缠住，云月相映，尤为动人。月亮如此圆硕，相形之下，山脉、大地和平原都显得娇小了；在它升起之处已云消影散，愈显明澈，然而它很快就在饱蕴雨水的乌云中隐没了。天开始下起淅沥小雨，大地为之欢欣；这个地方很少下雨，因而每一滴都很珍贵。大榕树、罗望子树和杧果树都可以辛苦熬过干旱，但小植物和稻谷就没有那么强大了，所以即使下一点点雨都要欢庆一番。可惜的是，就那么几滴雨也很快停了，这会儿月亮高挂在清澈的夜空。海边大雨滂沱，但在这最需要雨水的地方，雨云却飘走了。这是个动人的夜晚，夜影深浓。月光明晃晃的，影子寂然不动，树叶被刷洗得干干净净，在月光下一闪一闪。我们边走边谈，冥想在交谈中、在美丽的夜色下进行着。它探入更深处，内外流淌着。它在爆发，在扩展。你只是觉察到它，知道它在发生着；你并没有在经验它，经验即限制，它就只是发生着。没有参与者在其中，思想无法分享它，因为思想说到底是无用的、机械的，而情感也无法搅和进来。对它们来说，冥想太激烈太活跃了。它发生在一个未知的深度，一个不可测度的深度。但那是一种无比的寂静。这件事非常惊人，非同寻常。

墨色的叶子在闪耀，月亮已经爬得很高，在向西行进，将房间洒满了清辉。还要几个小时黎明才至，此刻悄无声息，仅仅传来几声村子里的狗吠，更加衬托出夜的宁静。醒着，而冥想就在那里，清晰而准确。那个东西就在那里，人必会醒来，而不是沉睡。觉察正在发生的事情，有意识地觉察正在进行的事情，这是有意为之。

睡着的时候，可能会有梦，会有无意识的暗示、头脑的诡计，但完全清醒时，这个奇特未知的东西就是一个明确的现实，一个事实而非幻象、非梦境。冥想有一种质地——如果这个词适用的话——它具有一种分量，一种不可穿透之力。这些词语包含某种意思，意义明确，可供交流，但当那个东西需要通过语言来被传达出来的时候，这些词语就都失去了它们的意义。语言是符号，然而没有符号能够传达真实。冥想就在那里，带着不可败坏的力量，没有东西可以摧毁它，因为它是触不可及的。你可以触到你所熟悉的东西，你必须用相同的语言去交流，采用某种思维过程，语言的或非语言的；总之必须有一个相互的认同。冥想什么都没有。你这边也许会说它是这个或那个，具有这种或那种特质，但是在发生的那一刻，它不能诉诸语言，因为头脑是彻底的寂静，没有任何思维运动。但那个东西跟任何东西都没有关系，所有的思想和存在都是因果驱动的过程，因此是无法理解它或跟它发生联系的。它是触不可及的火焰，你只能看着它，保持距离。醒来后，突然它就在了。接着狂喜忽至，一阵毫无来由的欢欣！这欢欣来得没有任何缘由，因为根本没有去寻觅或追求它。醒来后这狂喜又在那个时刻出现了；它就在那里，持续了一段时间。

选自《克氏笔记》

一九六一年十月二十四日

花园里疯长着一种草，茎秆颀长，开羽状花朵，金灿灿的，在微风中闪耀、摇曳，常摇到似乎花朵要飞散却从未飞散，除非强风袭来。有一丛米黄色的草，微风一吹，它们就迎风舞动，每一根草茎都有自己的节奏、自己的光辉，它们迎风共舞时一如波涛涌动。在黄昏的微光中，那色彩美不可言，那是夕阳的色彩，是大地的色彩，是金色山岳和云朵的色彩。开在旁边的花是那么显眼，那么无遮无掩，由不得你不去观赏它们。这些草有一种奇异的精致，它们散发出淡淡的小麦的气息，一种古老的气息，它们强韧纯粹，充满着生机。一片晚霞披着满身辉光飘过，夕阳在黑黢黢的山后落下。雨后的大地散发着好闻的气息，空气也凉爽宜人。雨还要下，这片土地怀着希望。

回到房间，猛然间，它来了，在那里张开怀抱欢迎你，真是出乎意外。之前进屋只是为了再出门，我们在外面谈了一些事情，都不是什么严肃的话题。发现那个东西在房间里迎候你，真是又惊又喜。它一直等在那里，那么开放的邀请姿态，使歉意都显得多余了。有几次在公园（译者注：温布尔登公园。他在回忆五月份待在伦敦温布尔登公园的一所房子里的事）里，离这里很远的地方，在几棵树下，沿着一条走了很多次的路，它就在路的拐弯处等候着，我会怔怔地呆立住，就在那些树旁，彻底地使自己敞开、柔弱、无言，一动也不动。那不是幻觉，不是一个自我投射的幻象。其他人恰好也在场，他们也同样感受到了。有几个场合它都出现了，带着敞开怀抱欢迎的爱意，真是极其不可思议。每一次它都带着新的品质、新的美、新的庄严。在这个房间里，它一如往常，焕然一新，不期而至。是美令头脑完全停顿，令身体顿然静止。它令心灵、头脑和身体高度警觉和敏锐，它令身体震颤，几分钟后，那个友好的东西遽然消逝，正如它来时那般迅捷。没有思想或浪漫的情感能够臆想或召唤出那样的事情。思想，无论做什么，都琐碎小气；而情感又是那么脆弱而具有欺骗性，无论哪个，即使做出最疯狂的努力，都无法促成这样的事情发生。对思想或情感而言，它是那么深不可测，它的力量和纯粹是那么浩瀚深广，一个有根有据，一个却无凭无依。它无法被邀约，无法被把握，思想和情感可以玩出各种聪明炫目的把戏，却无法发明或含藏那个东西。它孑然独立，什么也不能触及它。

选自《克氏笔记》

一九六一年十月二十五日

有一朵红花掩映在墨绿的叶子中间，你从走廊上只能看到它。群山、河岸上的红沙、高大的棕榈树以及罗望子树，这一切都不在你眼中，你只看到那朵花，它是那么欢乐，那么明艳。其他的颜色都消失了，天空的蔚蓝，霞光的火红，群山的黛紫，稻田的浓绿，这一切都消隐了，只有那朵花的奇色异彩兀自显耀。它充溢了整片天空、整个山谷。它会凋零、会消散、会结束，而群山会一直在。然而这个早晨，它就是永恒；它超越了一切时间和思想，满载着全部的爱与欢欣。这当中并没有多愁善感的情绪，没有浪漫的气息，也不象征着什么。它就是它自身，它将在夜色中凋零，却蕴藏着所有的生命。它并不是你推理出来的东西，也不是某些不可理喻的东西、某些浪漫的幻想。它如那些山岳一般真实，如那些互相呼唤的声音一般真切。它是生活中全部的冥想，唯有当现实的影响停止时，幻觉才会存在。那片流光四溢的云就是一个现实，然而对一个迟钝不敏的头脑而言，云的美并不会强烈地冲击到它，这个头脑的钝化是各种的影响、习惯以及对安全永无休止的求索造成的。在名望、关系以及知识中寻求安全，这摧毁了敏感，引发了退化。那朵花、那些山岳以及鼓荡不休的蓝色大海，是生活的挑战，只有敏感的头脑才能全然地回应它们。只有全然地回应才不会留下冲突的痕迹，而冲突就意味着不充分的回应。

所谓的圣人和托钵僧一辈子忙于钝化头脑、摧毁敏感。被信仰、教条和感官反应所强化的每一个习惯、每一次持诵和仪式，能够也确实被精雕细琢了，但警醒的觉察和敏感完全是另一回事。敏感是深入洞察所绝对必需的。深入这个动作并非对外部的一个反应，外部和内部是同一个运动——它们是密不可分的。内外的划分造成了不敏感。向内深入是外部的自然动向，内部有它自身的行动，并有外在的表现，但那并不是对外部的反应。觉察到这整个运动就是敏感。

选自《克氏笔记》

一九六一年十月二十八日

这是个怡人的傍晚：空气清新，群山青紫、蓝紫和深紫；稻田里水量丰足，呈现出多变的绿色，从浅绿、黄绿到深绿交替变换；有些树已隐入暗夜，墨黑而无声；另一些树则依然敞开着枝叶，承载着白日的光。西边山上的云乌黑一片，北边和东边的云辉映着夕阳，太阳已落在了深紫色的山后。路上没有人，偶尔路过几个人也是静静的，天空不存一点蓝色，云团因黑夜聚集。然而一切似乎都醒来了，岩石、干燥的河床、在消退的光线中的树丛。沿着那条安静荒芜的路，冥想如飘落山顶的细雨一样来到；就如黑夜来临一般，它来得自然而然。没有任何的努力，没有任何集中和分散注意力的控制；在冥想中，没有命令和追求，没有拒绝或接受，也没有任何记忆的延续。大脑在觉察周围的环境，但是安安静静，不做任何反应，不被影响，只在不做反应地察觉着。它非常安静，语言已随思想而逝。那股奇异的能量——不管称之为什么，那并不重要——非常活跃，没有目标和终点；它是创作，是不用画布和大理石的创作，它也是摧毁；它是不属于人类头脑范畴的东西，不是表现，也不是衰退。它不可抵达，不可分类，也不可分析。思想和感情都不是理解它的工具。它跟一切都没有关系，它在它的广度和强度中孑然独立。走在这条渐渐暗下来的路上，有一种不可思量的狂喜，不是达成、抵达、成功以及所有这一类不成熟的需求和反应的狂喜，而是不可思量的孑然独立。可思量之物是机械的，而被想象、被试验甚至被达成的不可思量之物，也会变得机械。但狂喜是没有原因、没有由来的。它只是在那里，不是一种经验，而是一个事实，你不必接纳或否定，辩护或分析。它不是你可以追求的东西，因为并没有一条通向它的路。一切消亡，它才会出现。

选自《克氏笔记》

一九六一十月三十一日

天色变得非常阴沉，云团在各个方向堆叠，群山因之而厚重。小雨飘洒着，天空灰蒙蒙一片。太阳已沉入黑暗，树木遥远而疏离。一棵古老的棕榈树在昏暗的天空下兀自耸立，出现的任何光线都被它捕捉到。河床静静的，上面红沙湿润，然而没有歌；鸟儿们屏气敛声，藏身在密密的树叶间。一缕微风从东北方吹来，乌云滚滚，雨也随之洒了几滴，但它还不急着倾盆而下；一会儿就会有狂风暴雨。前面的路空荡荡的，路面多沙，粗糙泛红，黑压压的山俯视着它。那是一条怡人的路，很少有车，村民们赶着牛车从一个村子到另一个村子。村民们衣衫褴褛、瘦骨嶙峋，他们的肚子瘪瘪的，却结实而耐劳；他们就那样一代代活着，没有政府能在一夜间改变这样的境况。但是这些人含着笑，尽管眼神疲惫。在一天的沉重劳动后，他们会围着火焰跳起舞来，他们没有绝望，没有被击垮。土地已经很多年没有好好淋一场雨，也许今年会是个丰年，能够为他们带来更多的食物，给牛畜们带来更多的饲料。这条路一直向前延伸，在山谷的入口处连上了大路，大路上有一些巴士和小汽车。在这条路的远处是城市以及它的肮脏且昂贵的房屋、庙宇以及麻木的头脑。但在这里，在这条开阔的路上，有着孤独和群山，尽是岁月与疏离。

走在那条路上，头脑是全然空寂的，头脑里没有任何经验，没有昨日所知的种种，即使已历经了无数个昨日。时间这个思想之物，已经停止；也就是说没有了思前想后的运动，没有来，没有去，也没有停步。空间——也就是距离不存在了；山岳和树丛浑然一处，无高无低。头脑跟任何东西都没有了关系，但仍有一份觉知在注意着桥梁和行人。整个头脑，没有思想，没有情绪，空空如也；因其空，故而能量充沛，是一种深阔不可测度的能量。所有的比较和衡量都属于思想，因而属于时间。那个东西是头脑脱离时间的状态，是刹那的单纯与浩瀚。语言不是真实，它们只是交流的工具，它们不是那个单纯之物，不是那个不可测度之物。空寂悄然独在。

选自《克氏笔记》

一九六一年十一月二日

他看到一只垂死的鸟，是被人射杀的。它曾漂亮地翱翔天际，有节奏地拍打着羽翅，那么自由，那么无畏。然而猎枪击中了它，它摔落地面，一切生机顿然消散。狗跑来叼那只鸟，男人捡起其他的死鸟。他跟他的朋友聊着天，看起来完全无动于衷。他唯一关心的是打下了很多鸟，对他而言，这就够了。他们在全世界杀戮。那些奇妙动人的海洋动物，如鲸鱼，数以百万计地被猎杀，而老虎以及很多别的动物正濒临灭绝。人类是唯一可怖的动物。

不久前，我跟一个朋友住在山里的一户人家。有人跑来跟主人说，昨晚有只老虎咬死了一头牛，问我们要不要当晚去看看那只老虎，他可以安排。他打算在树上搭一个平台，并在上面绑一只山羊，这只小山羊的叫声会引来老虎，那样就可以看到老虎了。我们都拒绝用这种残忍的方式满足好奇心。当天下午，主人建议我们驱车到森林里转转，也许能够看到老虎。因此天黑之前，我们乘一辆敞篷车，雇了个司机载我们深入森林几英里。当然我们什么都没有看到。天色已经很暗了，我们打亮了车头灯。就在我们调转车头之际，一眼看到老虎正坐在路中间迎接我们。这是一种大型动物，花纹非常漂亮，车灯照在它的眼睛上，明亮而闪烁。它咆哮着向汽车走来，就在它经过车边触手可及之时，主人说道："不要摸，太危险了。快点，它可比你的手要迅速。"然而，你可以感受到这种动物的力量，感受到它的活力，它是一台巨能发电机。在它经过的时候，你能感受到巨大的吸引力。它消失在了森林中。

显然，这个朋友已经见过很多老虎了。很久以前，在他年轻的时候，他曾帮忙捕杀过一只，自那以后，他一直很后悔这种残忍的行为。世间的教堂及其牧师一直在地球上宣扬和平，从基督教的最高层到小村庄中的牧师，都在谈论过美好的生活，不要伤害，不要杀生。特别是以前的佛教徒与印度教徒一直在宣扬："不要杀害昆虫，不要杀害任何生灵，因为来世你会付出代价。"这只是粗略的概括，不过其中确实蕴含着这种精神：不要杀生，不要伤害他人。然而，战争的杀戮一直在继续。猎狗迅速咬死了兔子，猎人用强大的武器打死了另外一只动物，而他自己很可能也会被别人射杀。这种杀戮已经持续了千万年。有人把杀戮视为体育运动，有人因为憎恨、愤怒、嫉妒而杀戮，各国一直在用他们的军队进行有组织的谋杀。不知道人类能否和平地生活在这个美丽的地球上，不再杀戮小生命，不再互相残杀，而是怀着爱与美、善和真，平和地生活。人们总是在讨论人间的和平。然而要获得和平，人就必须活得和平，而这看起来几乎毫无可能。有人赞成战争，有人反对战争，有人说人类一直都是屠杀者，本性难移，也有人坚称他能实现内心的转变而不去杀生。这是老生常谈。无休止的屠杀已成习惯，已成既定的规则，即使我们有着各种各样的宗教。

有一天，有一只红尾鹰在高空轻松地盘旋，翅膀一动也不动，只是为了飞翔的快乐，只是让气流托住它的身体。后来另一只红尾鹰飞过来加入它，它们一起飞了好一会儿。它们是那片蓝天上的奇异生物，用任何方式伤害它们都是一种悖逆天堂的罪恶。当然，天堂是没有的，人类只是出于希望发明了天堂，因为人类的生活已变成了地狱，从生到死无尽地冲突，来回折腾，赚钱，没完没了地工作。生活已沦为折磨，沦为无休止的艰苦奋斗。冲突已经成了他们的生活方式——内心和外在，精神领域以及精神制造出的社会，莫不冲突重重。

也许爱已从这个世上彻底消失了。爱，意味着慷慨与关怀，意味着不伤害他人，不让他人有负罪感，意味着宽厚有礼，说话、用心都出自一片慈悲心肠。如果你属于某个组织化的宗教机构——庞大、强势、传统、教条——坚守信仰，显然你就无法慈悲。要爱，就必须自由。爱不是快乐，不是欲望，不是追忆已经消逝的事物。爱并非嫉妒、仇恨和愤怒的反面。

这一切听起来也许很乌托邦，很理想主义，这是一些人只能心向往之的东西。但如果你相信爱，你就不会继续杀戮。爱，一如死亡，真实、强大。它跟想象、善良、浪漫毫无关系，自然跟权力、地位、名望也毫无关系。它如大海之强大；它就像一条大河，奔流不息。然而，屠杀海豹幼崽、屠杀巨鲸的人，他只关心他的生计。他会说："我靠那个生活，那是我的行业。"他完全不关心我们称之为爱的东西。他也许爱他的家庭——或者他以为他是爱他的家庭的——他没那么在乎他的谋生方式。人类之所以过着分裂的生活，也许这就是原因之一。他似乎从未爱过他所做的事情——虽然也许一小部分人不是如此。如果我们能以所热爱的事物为生，事情就会很不一样——我们会了解生活的整体。我们把生活搞得支离破碎：商业世界、艺术世界、科学世界、政治世界以及宗教世界。我们似乎认为它们都是互不相关的，应该保持独立。所以我们变得虚伪，在商业世界干着见不得人的腐败勾当，回到家又跟家人和谐共处。这滋生了虚伪，制造了双重的生活。

这真的是一个美妙的星球。那只鸟停在最高的那棵树上，它在那儿待了一个上午，俯瞰着世界，注意着一只更大的鸟，一只可能会杀死它的鸟；它看着云，看着飘过的阴影，以及大地上展开的一切，这些河流、森林以及日出而作日落而息的人类。如果我们稍稍想一想，就会看到心理世界布满悲伤。我们好奇人类到底会不会改变，还是只有一小部分人甚至是极小一部分人会改变。那么，那一小部分人跟大部分人是什么关系？或者说，大部分人跟这一小部分人是什么关系？大部分人跟这一小部分人是没有关系的，但这一小部分人则与万事万物都有关系。

坐在那块岩石上，俯瞰着底下的山谷，身边有一只蜥蜴。你一动不敢动，怕蜥蜴会被打扰或受惊。那只蜥蜴也在默默看着。所以，所有的行骗会继续，所有可耻的幻象也会继续，无数的问题变得越来越复杂，越来越纷乱。只有爱和慈悲的智慧才能解决生命中所有的问题。那份智慧是永葆活力与功能的唯一利器。

选自《克氏独白》

一九八三年四月二十六日

河边有一棵树，这几周里我们每天都在日出前过来看它。当太阳缓缓升起，越过地平线、越过树木时，这棵树会在突然间变成金色。所有的树叶都闪耀着生命的光辉。当你连续几小时注视着它时，这种注视似乎给整个大地、河流蒙上了一层不凡的气质。此时，树的名字已不再重要，重要的是那棵美丽的树。当太阳又升高了一些，树叶开始飘飞舞动时，这棵树仿佛不同时间都被赋予了不同的品质：在日出之前，它昏暗、宁静、遥远、十分高贵；而当白昼来临，树叶和光共舞，它又是如此美轮美奂。正午时，树影加深，你可以坐在那里乘凉。有树陪伴，你是永远不会感到孤独的。你坐在那里的时候，就会有一种深沉持久的安全和自由，而这些，是只有树木才懂得的。

傍晚时分，西天被落日点燃，这棵树逐渐变得昏暗、模糊，收拢好自己。天空变成红色、黄色、绿色，而树依旧宁静、神秘，准备在长夜安歇。

如果你与它建立了一种关系，那么就跟人类有了关系。然后，你就会对这棵树以及这世界上的其他树负责。然而，如果你跟这地球上有生命的东西没有关系，就将失去你跟人类的所有关系。我们从不深入观察一棵树的品质；我们从未真正触摸它，感受它的坚实、它粗糙的树皮；我们从未倾听它的声音，声音是树的一部分。不是风吹过叶子的声音，不是清晨拂过叶片的微风的声音，而是树自己的声音，树干的声音和树根的静寂之音。你必须极度敏锐才能够听到这种声音。这声音不是这世上的噪声，不是思想喋喋不休的牢骚音，不是人类粗俗的争吵和争斗声音；它是宇宙之音，是宇宙的一部分。

奇怪的是，我们跟昆虫、跳跃的青蛙，跟山间呼朋引伴的猫头鹰的关系是如此的疏远。我们似乎从未对地球上的任何生命有过感情。如果你能跟自然建立一种深切持久的关系，那就绝不会因口腹之欲而杀死一只动物，绝不会为我们的利益而伤害、解剖一只猴子、一只狗、一只豚鼠。我们会找到其他的方法医治伤口、疗愈身体。但心灵的疗愈是截然不同的。只有当你与自然同在，与树上的橘子、与钻出混凝土的草叶、与云遮雾隐的山峦同在时，疗愈才会渐渐发生。

这不是多愁善感，也不是浪漫想象，而是真切的事实，你跟生活栖息于这个地球上的一切生灵是息息相关的。人们捕杀了成千上万头的鲸鱼，并且仍在继续。我们在杀戮中得到的一切都可以通过其他手段得到。但显然人类喜欢杀生，杀那矫捷的鹿、奇异的羚羊和雄壮的大象。我们喜欢自相残杀。在这个地球上的整个人类历史中，人类的自相残杀从未停止过。如果我们能够，其实我们必须能够跟自然，跟真实的树木、灌木、花草、飞云建立一种深入持久的关系，那就永远不会为任何理由去杀死另一个人。战争即有组织的谋杀。

选自《克氏独白》

一九八三年二月二十五日

坐在沙滩上，看着过往的人群，两三对情侣，一个单身女子，周围的一切都是那么自然，从深蓝色的大海到高高的山岩，我们持续观察着。我们是在观察，不是在等待，我们没有期待任何事情发生，只是无止境地观察着。这样的观察可以使人学习，不是近乎机械性地学习积累知识，而是近距离地观察，深入而非肤浅地观察，饱含灵动和慈悲，此时并不存在观察者。在有观察者的时候，只不过是对过去的观察，这并不是观察，而是记忆，是已经消亡的东西。观察是极为生动的，分分秒秒是空白的。那些小螃蟹、海鸥以及其他飞过的鸟儿都在观察着，它们正在观察着猎物，包括鱼类与其他可以食用的东西；而这些猎物也都在观察着。有人从你身边走过，他想知道你正在观察什么。你正在观察空无，在这种空无之中，万物俱在。

前几天，有一位去过很多地方、见识过很多事情、写过一些著作的人前来找我，他是一位满脸长着胡须的老者，他的身体保养得很好；他穿着得体，毫无庸俗的感觉。他的鞋子与衣服打理得很好，虽然他是外国人，却讲着一口流利的英语。他对坐在沙滩上观察的人说自己与很多人交谈过，与一些教授和学者讨论过，他在印度的时候，曾向一些梵学学者请教过。在他看来，这些人大部分都不关心社会，都不深入致力于社会改革或是当前的战争危机。他很关心我们生活的社会，尽管他不是社会改革家。他不确定社会是否能够改变，不确定人们是否能为社会做些什么。不过，他见识了社会过去的样子：一片腐败，政客的荒谬、卑鄙、自负与野蛮充斥着整个世界。

他说："我们能为社会做些什么？——不是这里或那里微不足道的改革，不是更换总统或是总理——他们全都大同小异；他们不会起到太大的作用，因为他们代表的是平庸，甚至还不如平庸，而是粗俗；他们想要炫耀，他们不会有什么功绩。他们不时地在这里或那里做些微不足道的改革，但社会不会因为他们而受到什么影响。"他曾观察过各种各样的社会与文化。就本质而言，这些社会与文化并没有什么不同。他是一个面带微笑的严肃男人，他谈论着这个国家的美丽、广袤、多样，从炎热的沙漠到雄壮高大的落基山脉。人们倾听着他的言谈，凝望着大海。

除非人类改变，否则社会不会改变。你与其他人，世世代代的人类创造了这个社会。我们创造出这些社会是出于各自的卑微、狭隘、局限、贪婪、嫉妒、野蛮、暴力、攀比等，我们应对平庸、愚昧、粗俗以及所有的部族谎言与宗派分化负起责任。除非我们每个人都发生彻底的改变，否则社会永远也不会改变。我们造就了社会，然后社会又造就了我们。正如我们塑造了社会一般，它反过来又塑造了我们。社会把我们放在了模子中，而模子又把社会限定在一个框架中。

这种行为永无止境，如同海潮的涨落一般，有时非常非常缓慢，有时又湍急而危险。涨涨落落，行动、反应、行动。这似乎就是这种运动的本质，除非我们内心有着深刻的秩序。正是那秩序本身会给社会带来秩序，而不是通过立法之类的——只要存在无序和混乱，由我们的无序创造出的法律与权威就会继续。和社会一样，法律也是人类创造的——法律是人类的产物。

由此可见，内在根据自身的局限性创造出了外在，而外在又反过来控制并限定内在。内在总是能够克服外在，因为与外在相比，内在要强大得多，重要得多。

这种活动能够终结吗？——内在从心理上创造了外在的环境，而外在中的法律、机构、组织则试图限制人类的头脑，试图以特定的方式行事，此时，头脑、心理又产生变化，试图战胜外在。自从地球上有人类以来，这种活动就一直在发生着，有时粗糙肤浅，有时光辉夺目——而内在总是能够战胜外在，一如大海的潮起潮落。人们应该问问这种活动是否能够终结——行动与反应，仇恨与更深的仇恨，暴行与更大的暴行，当只有观察而没有动机、没有回应、没有方向的时候，这种活动就会终结。

只要在累积，方向就会形成。然而，包含着关注、觉知和深切慈悲的观察却具有自身的智慧。这种观察与智慧会发生作用，这种作用并非像海潮的涨落一般。但这要求高度的警觉，要在没有语言、没有反应的情况下观察事物，这样的观察就蕴含着伟大的活力与激情。

选自《克氏独白》

一九八三年五月六日

要有一颗宗教之心，首要之物就是美。美，并没有特定的形式——一张美丽的脸庞，一种美的生活方式，诸如此类。什么是美？没有美，就无所谓真相，无所谓爱；没有美，就不会有道德感。美本身即美德。现在我们要一起来探究什么是美。讲者也许能把它诉诸语言，但你得自己负责探究什么是美。美在绘画中吗？美在埃及、希腊古老而动人的雕塑中吗？抑或在孟买的湿婆三面像中？什么是美？美对你意味着什么？美就是一袭漂亮的纱质长裙吗？美就是傍晚或清晨美丽的天空吗？美就是指高山、田野、山谷、草地、溪流或鸟儿的美吗？美就是指一棵古老大树的奇美吗？所以美取决于某个特定的文化或传统吗？印度的织布工人有一个传统，他们能织出美轮美奂的布匹。那就是美吗？抑或美是截然不同的事物？当你观赏雄伟的雪山，那亘古未化的白雪，那深深的山谷，那在碧蓝晴空的映衬下壮丽宏伟的山峰，当你第一次或第一百次感受这一切时，实际上发生了什么？

清晨太阳刚刚升起，在河面上照出一条金色的水路，当你在晨光中注目这一切时，发生了什么？当你凝神注目时，发生了什么？你在持诵咒语吗？还是你在那一刻彻底静了下来？水面上泛起的光芒之美，令你暂时忘却了烦恼、焦虑和其他的一切，你忘却了几秒钟、几分钟或者一个小时，这表示那个自我消失了——自我、自我主义、以自我为中心的活动以及利己主义。一片光芒充盈的云所展露的大美和庄严把那一切都驱散了——在那一刻，自我不在其位。所以自我不在的时候，美就在了？不要同意，不要点头附和说："他说得一点都没错，多妙啊！"然后继续你的自私和以自我为中心，继续在逻辑和理论上谈论美。美是必须去体验的事物，而不是捂在头脑里的记忆。所以，比起一幅画、一个设计、一张美丽的脸庞或者一种优雅的姿态，美是更为深刻、广阔和强烈的事物。只有自我消失，美才会存在。要了解宗教之心，那是首要之物。

再者，要探究这个问题，必须有一个纵观全球的头脑，陷于宗派的、偏狭局限的头脑是不行的。我们需要了解的是整体人类，是纷杂的问题。也就是说，我们需要一个全观的头脑，一个了解整个存在的头脑。你个人的存在、个人的问题不是重点，因为无论你去哪里，去美国、印度或欧洲其他国家，我们都在受苦……我们孤单、焦虑、恐惧、寻求慰藉、不幸、沮丧、易怒，偶尔才有一点欢欣与快乐。

全观的头脑关切人类全体，因为我们全都差不多。同时，我们必须自己搞清楚我们每个人和自然之间有着怎样的关系。那就是宗教的一部分。你也许不同意，不过请你好好思索一下、探究一下，你跟自然、跟鸟儿、跟河水有任何关系吗？所有的河流都是神圣的，却日益严重地被污染，这些河流可能是恒河、泰晤士河、尼罗河、莱茵河、密西西比河或是伏尔加河。你跟那一切有什么关系——你跟树、跟鸟、跟一切我们称之为自然的生灵有什么关系？我们不是其中的一员吗？所以我们不就是环境本身吗？不知道我是不是在说些虚妄之事，而你们不过都是随便听听。这一切对你们来说有意义吗？还是说我是个火星来的陌生人，在说些跟你们毫无干系的事情？有意义吗？一切取决于你们。

拉杰哈特

一九八四年十一月十二日

有很多书描写了我们的外部世界：环境、社会、政治、经济等。但很少有人深入地去发现我们真实的状况，为什么人类会是现在这样——自相残杀，追随某些权威，追随某本书、某个人、某个理想，跟朋友、妻子或丈夫、孩子都没有正确的关系？为什么人类变得如此庸俗，如此无情，对他人漠不关心，与爱完全背道而驰？

人类与战争相伴了几千年。我们试图阻止核战争，但我们永远停不下战争。人类继续被剥削，压迫者变成被压迫者。人类活在恶性的循环中——悲伤、孤独、深深被压抑、焦虑日益加剧、极度缺乏安全感、跟社会或跟自己最亲密的朋友都没有关系。所有的关系都充满冲突、争吵等。这就是我们所生活的世界——相信你们都知道的。

几千年来，我们的脑子已经被知识制约了。请不要拒绝或接受讲者说的任何话。质疑它！怀疑它！不要轻信！总之不要被讲者影响，因为我们总是那么容易被影响，那么容易被欺骗。如果要认真地讨论这些事情，我们的头脑和心灵就必须敞开接受检视，必须从所有的偏见、结论、观点或固执己见中解脱出来。你的头脑必须不断地探问、质疑。只有那时我们彼此之间才能有真正的关系，才能互相交流。

马德拉斯

一九八二年十二月二十六日

提问者：你说过，我们要挺身反抗这个腐败无德的社会。我很想进一步弄清这个问题。

克里希那穆提：首先，我们清楚“腐败”这个词的含义吗？在城市，在工业城镇，存在着空气污染之类的物质性腐败。我们在败坏海洋，我们在屠杀无数的鲸鱼和海豹的幼崽。全世界污染严重，人口过剩。此外，在政治、宗教等领域一样腐败横行。人类的脑子、人类的行为中的腐败已有多深了？我们要很清楚我们在谈论的腐败到底指什么意思，以及我们是在哪个层面上谈论它。

腐败在全世界横行。很不幸，我们这个国家的腐败尤其严重——在桌子底下塞钱，要想买张票就得行贿——这些勾当你们都知道的。“腐败”，就是指分裂解散，不但社区与社区之间、州与州之间彼此对立，头脑和心灵也在根子上败坏。所以，我们必须清楚我们在谈的是哪个层面上的腐败：是经济腐败、官僚腐败、政治腐败还是宗教腐败？——在宗教领域充斥着形形色色的迷信，毫无意义可言，不管是基督教世界还是东方世界，所有的教义只剩下了空洞的字眼，失去了意义，重复着种种仪式，你知道怎么回事。那不就是腐败吗？我们来好好谈谈吧。

理想不就是一种腐败吗？我们也许抱有理想。比如说非暴力。你抱有非暴力理想的同时，实际的你却是暴力的，不是吗？不采取行动结束暴力，那不就是脑子的腐败吗？这一点非常清楚。如果完全没有爱，只有快乐及随之而生的痛苦，那不就是腐败吗？在全世界，这个词已承载了太多的东西，人们把它跟性、快乐、焦虑、嫉妒和执着纠缠在一起，那不就是腐败吗？执着本身不就是腐败吗？当我们执着于一个理想、一幢房子或是一个人时，尾随其后的就是嫉妒、焦虑、占有和支配。

所以，这个问题基本上讲的就是我们所处的这个社会，它的本质就基于人与人之间的关系。如果没有爱，只有互相剥削，只有彼此互相慰藉的话，诸如此类的种种，那么关系就必然造成腐败。那么，对此你会怎么办？这才是真正的问题：作为人类，生活在这样一个世界，你要怎么办？它本是一个妙不可言的世界，地球的美、一棵树的不凡品质，然而我们在毁灭自己的同时，也在毁灭地球！所以，作为生活在这里的人类，你会怎么办？我们每个人，能够看到我们自身的腐败吗？我们制造了一个抽象的存在，并称之为社会。如果我们彼此之间的关系是具有破坏性的——不断地斗争、挣扎、痛苦、绝望——那么，我们就必然会造出一个反映我们真实状况的环境。所以，我们要怎么办？

我们每个人要怎么办？这样的腐败、这样的失道败德是抽象概念吗？我们想改变的是一个观念还是事实？一切都在你。

提问者：真有改变这回事吗？是什么被改变了呢？

克里希那穆提：如果你在观察，观察你的周遭、街道上的肮脏、政客以及他们的所作所为，观察你自己对待你的妻子、孩子的态度等，改变就在那些事情上。明白吗？为日常生活带来一些秩序，那就是改变，而不是指在世上成就伟业之类的事。也就是说，如果一个人的思考不清晰、不客观、不健全、不理智，那就必须意识到那个问题并且改变它、突破它。那就是改变。如果我心生嫉妒，我就必须留意它，不给它生根茁壮长大的余地，立即化解它。这就是转变。在你贪婪、暴力、野心勃勃的时候——不管是想成为某种主宰或圣人还是在生意场上称霸——看到野心的整个运作，看到它怎样制造了一个残酷无情的世界。不知道你有没有觉察到这一切。竞争正在毁灭这个世界，它正在变得越来越咄咄逼人。如果你有所察觉，那就立即做出变化。那就是改变。

提问者：你说如果某一个体发生了变化，他就能改变世界。虽然不否认您的诚意、爱心和明智以及那不可描述的力量，但这个世界还是越来越糟了。真有宿命这回事吗？

克里希那穆提：什么是世界？什么是个体？个体做了些什么影响了这个世界？希特勒影响了世界，不是吗？林肯也影响了世界，当然佛陀也一样，但是是以截然不同的方式。一个人杀了几千万人。所有的好战者、将军们一直在屠杀。那影响了世界。在人类有历史记载的五千年中，每一年都有战争，影响了千千万万人。然后，佛陀出现了。他也影响了人类的心智、人类的头脑，惠泽整个东方。所以，如果我们问个人的改变是否可以给社会带来变化，我认为这是个错误的问题。

我们真的关心社会的转变吗？如果认真深入下去，我们真的关心吗？这个社会——腐败、失德、基于竞争与无情——我们生活在其中，你真的有浓厚的兴趣要改变现状吗，即使以一己之力？如果你真的感兴趣，那就要探究一下什么是社会。社会是一个词吗？它是实存的事物，还是一个抽象的概念？你明白它是什么意思吗？它是人类关系的抽象概念。社会即人与人之间的关系。那个关系及其所有的复杂、矛盾和仇恨——你能改变那一切吗？你能的。你可以结束无情，你知道的，就是那种种生存的手段。你的关系怎样，你的环境就怎样。如果你的关系是占有式的、以自我为中心的，你就在你的周遭制造出同样破坏性的环境。所以，那个个体就是你，你就是其他的人类。不知道你意识到了没有。心理上，你饱受痛苦。你焦虑、孤独、竞争心切，你试图成就些什么，全世界莫不如此。世界上的每个人都在这么做，所以你实际上就是其他的人类。如果你理解了那一点，如果你在内心实现了不同的生活方式，那你就在影响整个人类的意识。如果你真的认真，并且深入探究，事情就是那样的。如果你没那么做，那也没关系，一切取决于你。

马德拉斯

一九八一年一月六日

我们一直在谈冲突，我们人类生活在这个有着丰富宝藏的地球上，是不是就一直处在无尽的冲突中？不但与外在的自然环境有冲突，人与人之间也冲突重重，同时在内心，在所谓的精神世界也是一样。我们一直处于不断的冲突中。从生到死，我们都在冲突。我们安心忍受，我们变得习以为常，一味容忍。我们为自己找了很多为什么要生活在冲突中的理由。我们认为挣扎和不断奋斗意味着进步，意味着外在的进步，或是内在达成更高的目标。

印度这个美丽的国度，青山壮丽，河川深阔。然而，千百年来的苦难、挣扎、服从、顺受、彼此毁灭，使我们这群人类只剩下了野蛮，我们不在乎这个地球，不在乎地球上美好的事物，不在乎湖泊的美，不在乎激流奔涌的河川的美。我们什么都不在乎。我们只在乎我们那个小小的自我，在乎我们那点小小的问题。我们在这个国家的所作所为，我们在其他国家的所作所为，真是令人想大哭一场。

生活已变得极其危险、不安全、毫无意义。你也许发现了很多意义，然而我们的日常生活除了赚钱、追逐名望权势等，已失去了所有的意义。

没有政客会解决我们的任何问题，不管他属于左派、右派还是中间派。政客是没有兴趣解决问题的。他们只关心他们自己，只关心如何保住他们的官位。宗教和古鲁们也同样背叛了人类。你追随过《奥义书》《梵经》以及《薄伽梵歌》的教诲，而古鲁们也喜欢给听众朗读这些经典，期待他们能够领悟、变得智慧。所以，你不能指望政客，你也不能指望典籍或任何古鲁。

如果你继续寻求指导，那么仍然会引你走上错误的路途。没人能帮上我们，所以我们必须对自己的行为、行动负起全部的责任。

这个国家一直在谈论非暴力。这一点已被布道了一遍又一遍，政治上、宗教上的各种领袖都在反复传达。然而非暴力并不是事实，只是一个观念、一个理论、一套说辞。事实是，你暴力，那就是实情。我们没有能力了解“实情”，正因为如此我们才胡诌出一个所谓的“非暴力”理念。这么一来，“实际怎样”和“应该怎样”之间就出现了冲突。当你追求非暴力的时候，你一直在撒播暴力的种子。这一点同样显而易见。所以，我们能不能直视“实情”而不做任何逃避，不抱任何理想，既不压抑，也不转身呢？我们的暴力遗传自动物，如大猩猩等。暴力呈现为很多形式，并非只是粗暴的行为才算暴力。这是件相当复杂的事情。暴力是模仿、遵循、服从。暴力是你装出不真实的样子，那就是一种暴力。请看到这当中的逻辑。这并不是在拿出一套说法来让你接受或拒绝。我们这是同行在一条路上，在森林中，在怡人的林间，一起探究暴力，像两个朋友一样谈论问题，这里不存在任何说服、任何关于那个问题的结论。我们在一起交谈，一起观察。我们走在同一条路上，不是你的路，也不是我的路，而是深入探究这个问题的路。

所以，我们要一起来学习怎样观察。你并不是讲者的追随者，谢天谢地，他不是你的古鲁。在这样的探究中，不存在谁高明、谁差劲，不存在权威。如果你的头脑被权威禁锢了，就很难再观察暴力。所以，我们要去了解怎样观察这个世界的现状——痛苦、困惑、虚伪、丧失良知、暴行肆虐，还有恐怖分子，那些劫持人质的人以及那些古鲁们，他们有他们特有的集中营！这都是暴力。怎么会有人宣称“我知道，跟我来吧”？如此宣称是可耻的。所以我们是在一起探究什么是暴力，一起探问：怎样观察？怎样观察你周围的环境，树木、角落的那方池塘、星辰、新月、落日的光辉？你怎样观看？如果你被你自己占据，被你的问题、你的观念、你复杂的思想所占据，你就无法观看、无法观察，对吧？如果你怀有偏见，或是抱守着任何的结论或特定的经验，你就无法观察。那么你要怎样观察这个被称为树的美妙之物呢？此刻你就置身在这些树木之间，你怎样看它们？你看到它们的叶子了吗？看到它们在风中舞动，看到反射在叶子上的光的美了吗？你看到了吗？你能默默无言地看一棵树、看一轮新月、看天上的一颗孤星吗？因为语言并不是实际的那颗星星、那轮月亮。你能把语言放到一边单纯地看吗？

你能无言地看你的妻子吗？抛开关系中的所有回忆，不管是多么亲密的回忆，抛开建立起来的所有记忆。你能抛开过去的记忆看你的妻子或丈夫吗？你有没有试过那样看？我们来一起学习怎样观察一朵花吧。如果你知道了怎样看一朵花，那当中就包含了永恒。

不要想象我的话！如果你知道怎样看一颗星星、一片密林，在那样的观察中就有着空间和永恒。你制造了关于你的妻子或丈夫的意象，我们必须一起来搞清楚怎样抛开那些意象来观察他们。要到达远方，我们必须从近处开始。如果你不从近处着手，就永远不可能有进展。如果你想攀登一座高峰或是走到附近的村庄，最初的步骤才是关键：怎么个走法，以怎样的姿态、怎样的速度走，怎样走妥当？所以，我的意思就是，要走得非常非常远，即走向永恒，你就必须从最近处开始，也就是从你和伴侣的关系开始。你能抛开“我的妻子”“我的丈夫”“我的儿子”“我的侄子”之类的话，用明澈的双眼直接观察你的家人吗？抛开那些称谓，抛开所有累积的伤痕以及过往的回忆。现在就做，去观察。如果你能抛开过去冷静观察，也就是抛开你所建立的关于你自己以及他人的所有意象，然后你就会有正确的关系。

如果你能每天与“实情”共处并观察“实情”，

不但观察外部世界的实情，也观察内心世界的实情，那么你就会创造出一个没有冲突的社会。

马德拉斯

一九八一年十二月二十七日

我们在谈头脑的本质及其惊人的能力。几千年来，我们人类已经严重窄化了头脑的功用。头脑能制造出在技术上惊人的东西。人类上天入海，还发明出了最可怕的东西。他们也带来了福利，在医学的外科和内科领域成就斐然。但是头脑的这股巨大能量被减弱、局限和窄化了。从基本上看，如果你用心观察的话，我们的生活就是一个战场，挣扎、冲突、彼此对立、彼此毁灭。人类不但毁灭同类，他们还剥削大地和海洋。“剥削”的意思就是利用他者为自己谋私利。这样的剥削横行于生活的各个领域。

我们会奇怪，人类怎么会活成这样？——战争、冲突、困惑、极度的痛苦和悲伤；快乐和喜悦总是转瞬即逝。我们落了个两手空空的下场，尖刻、愤世、什么也不信，或是转身寄情于传统。然而即使是那个传统也正在失去它的力量，如果观察得非常仔细的话，你会发现，我们的头脑现在不但在物质上而且在心理上依赖书籍及其注解，还有经典，如《圣经》和《古兰经》。我们依赖书籍，这种情况不但发生在学院和大学里，也发生在宗教领域，那么头脑会变成怎样？我用"宗教"这个词指的是它最常用的意思。如果我们投靠书籍，就是在投靠文字和理论，投靠他人说过的那些东西；如果我们的生活随了那个潮流，退化显然就不可避免。你转身寄望于书籍，就像组织化宗教都在做的那样，以书籍为权威，变得严苛、教条、残酷、消极有害。你把书籍当救命稻草，拾人牙慧——注解，在注解上注解，反复不休！当危机来临，这个文明，这个也许存在了三千年或更久的文明，就即刻崩塌了。生活的所有层面都在退化、腐败——产业化了的古鲁、政客、商人、教徒——这一切都在解体。

我问过各种人，是什么导致了这种腐败和退化，他们其实都没有答案。他们给你举了各种退化的例子，虽然我跟各种专家、学者和教授们讨论过，然而他们似乎并没有找到这种腐败的根源。不知道你们有没有思考过这个问题。如果认真思考过，说你们活在别人的观念、教条和信仰里，是不是所言不虚？所以，结果显然就是，如果我们过着二手生活，一种基于语言、观念和信仰的生活，那么你的头脑——头脑的整个部分，就会自然而然退化萎缩。

我们所说的“头脑”，意指一切活跃的感官及其神经性的反应，还有一切情感、一切欲望，它涉及技术性的知识、记忆的培养，也就是清晰或混乱的思考能力。这个头脑一直在寻找那个人类在最初种下却从未生长的种子，那颗真信仰的种子。因为没有那种信仰，就不会有新的文明、新的文化。也许会有新的体系、新的哲学，包括新的社会结构，但还会是同一个模式，不断地循环往复。

所以，我们要怎么办？你，生为人类，生活在这个奇妙的地球上，高山连绵，河海奔流……这不是在搞诗情画意，我只是简单指出事实。我们可以怎样一起突破？也就是说，不要去制造新的体系，包括新的社会体系，新的宗教教条，新一套的信仰、理想、条规和仪式，因为那个游戏已经被玩了一遍又一遍。要创造一个不一样的世界，如果你相当认真的话，就必须善。“善”这个词指的是完满，不破碎，不分裂。善良的人，意味着心无分裂。他自身是全然的、完整的，没有任何的冲突。

我们在一起探索我们当前的危机——不只是经济危机和社会危机，还有我们意识中的危机、我们的存在危机，而不是某个新体系的危机、某个战争危机等。危机就在人类存在的核心中。这个意识可以怎样被转变呢？

什么会让你改变？一个危机？头上被敲一记？悲伤？泪水？那一切都来过了，在一个接一个的危机中。

我们一次次流泪，然而似乎没什么能改变人类，因为你在指望别人来做你的大师、你的古鲁、你的典籍、你的教授、那些抱有新理论的聪明人。没有人说："我要来搞清楚。"虽然整个人类历史都在我们内心，但我们从未读过我们自己这本书。它就在那里，但我们却从未费心过，从未有耐心持久的探问。我们更喜欢活在这样的混乱和痛苦中。

所以，什么会让你改变？请反问你自己，用那个问题考问自己，因为我们积习已深。你的房子在燃烧，显然你漠不关心。所以，如果你不改变，社会就会是老样子。聪明人过来说社会必须改变，意思就是社会需要新的结构，然后这个结构就变得比人本身更重要，过往所有的革命都证明了这一点。

思考了这所有问题后，我们有没有学到什么？那份智慧有没有觉醒？我们的生活有没有生出一种秩序？还是我们又回到了老路上？如果你有那份智慧、那份良善、那份深刻的爱，你就会创造出一个了不起的新社会，一个我们所有人都能幸福生活的新社会。这是我们的地球，不是印度的地球，也不是英国的地球、苏联的地球。这是我们共同的地球，我们可以在此幸福智慧地生活，而不是斗个你死我活。所以，请投入你的全副心神来搞清楚这个问题，搞清楚为何你不改变——即使是在小事情上。请关注你切身的生活。你有着无穷的潜能。只等你来打开那道门了。

马德拉斯

一九七九年十二月二十九日

听!

生命浑然一体。

没有起点，也没有终点。

源头和目标都存于你的心中。

你困于

生命巨谷的黑暗中。

生命没有教义，没有信条，

它无关民族，无关避难所，

它不被生死捆绑，

既非男性，也非女性。

你能把水包裹在衣服中吗?

你能把风收集在拳头中吗？

做出回答，哦，朋友。

啜饮生命之泉吧。

来，

我会指明方向。

生命的帷幔广覆于万物。

选自《从黑暗到光明》

生命之歌，

不要爱一截好看的树枝，

不要独留那一截在你的心上，

它会渐渐消亡。

要爱一整棵树，

自然你就会爱那好看的树枝，

爱那柔嫩和枯萎的树叶，

爱那羞怯的花蕾和完全绽放的花朵，

爱那凋零的花瓣和旋转落下的高度，

爱那全然之爱中美妙的阴影。

哦，要爱生命的整体。

它永不衰败。

选自《从黑暗到光明》

图书在版编目（CIP）数据

聆听万物之美 /（印）克里希那穆提著；宋颜译．— 北京：北京时代华文书局，2022.4

书名原文：ON NATURE AND THE ENVIRONMENT

ISBN 978-7-5699-3740-4

Ⅰ．①聆… Ⅱ．①克… ②宋… Ⅲ．①人生哲学－通俗读物 Ⅳ．① B821-49

中国版本图书馆 CIP 数据核字 (2020) 第 096323 号

北京市版权局著作权合同登记号　图字：01-2020-2610

聆听万物之美

LINGTING WANWU ZHI MEI

著　　者 | [印] 克里希那穆提
译　　者 | 宋　颜

出 版 人 | 陈　涛
选题策划 | 刘昭远
责任编辑 | 周海燕
执行编辑 | 崔志鹏
责任校对 | 薛　治
装帧设计 | 柒拾叁号
责任印制 | 訾　敬

出版发行 | 北京时代华文书局 http://www.bjsdsj.com.cn
北京市东城区安定门外大街 136 号皇城国际大厦 A 座 8 层
邮编：100011　电话：010 - 64263661　64261528
印　　刷 | 北京盛通印刷股份有限公司　010 - 83670070
（如发现印装质量问题，请与印刷厂联系调换）
开　　本 | 787 mm×1092 mm　1/32　印　张 | 6.25　字　数 | 85 千字
版　　次 | 2022 年 7 月第 1 版　印　次 | 2022 年 7 月第 1 次印刷
书　　号 | ISBN 978-7-5699-3740-4

定　　价 | 45.00 元